U0917533

# 心海逍遥

崔文信 著

辽宁人民出版社

图书在版编目（CIP）数据

心海涟漪 / 崔文信著．—沈阳：辽宁人民出版社，2011.10（2012.1重印）
ISBN 978-7-205-06993-3

Ⅰ．①心…　Ⅱ．①崔…　Ⅲ．①人生哲学—研究　Ⅳ．① B821

中国版本图书馆 CIP 数据核字（2011）第 009952 号

出版发行：辽宁人民出版社
地址：沈阳市和平区十一纬路 25 号　邮编：110003
http://www.lnpph.com.cn
印　　刷：辽宁奥美雅印刷有限公司
幅面尺寸：170mm × 240mm
印　　张：9.25
插　　页：3
字　　数：80千字
出版时间：2011 年 10 月第 1 版
印刷时间：2012 年 1 月第 2 次印刷
责任编辑：王丽竹
封面设计：谭慧丽
版式设计：王珏菲
责任校对：吴艳杰
书　　号：ISBN 978-7-205-06993-3

定　　价：25.00元

# 开篇语

在生命的历程中，总有些人让我心悦诚服，牵肠挂肚；总有些事让我铭心刻骨，终生难忘；总有些话让我顿开茅塞，回味无穷；总有些瞬间让我激动不已，心潮起伏；总有些风景让我赏心悦目，流连忘返；总有些书籍让我爱不释手，百看不厌……

这诸多的有些，长期以来横存于我的大脑，像一张刻录的光盘，记载着人生一路的醇香与感动。每欲落笔，都会在意象的文字中涌现、跳跃、甚至沸腾……

这里，我将自己目光所及的生活精彩，思想所悟的行走旅程，情感所给的不同领域，用工笔定格，命名为“心海涟漪”，与朋友们共飨。

# 目录

## 哲理篇



## 做人篇

## 处事篇

## 事业篇

# 修养篇

生命只有作为整体中的部分才有意义，这个整体是他不断感觉到的。他的言语和行动那样均匀地、必然地、直接地从他内部流出来，正如同香气从花里散发出来一样。

——列夫·托尔斯泰

# 人气

人的生命永远不可能孤立，人和世间万物都发生关系，而其中最重要的就是人与人之间的关系。这种关系就是财富，就是能力。成功的公式中，最重要的一项因素是与人相处，让别人感受你有人气的魅力。建立良好的人际关系，提升自己的人气，得到大家的认可和尊重，无疑对自己的生存和事业发展有着极大的帮助。聚集人气的途径：

要自信。过分地在意别人的目光，将失掉自我。有些人心里最特色的东西就是面子，而背后隐匿着的大多是强烈的虚荣心和自卑感。

要宽容。你没有权力要求别人对你好，别人对你好，你要感恩，别人对你不好，你千万不要耿耿于怀。对他人，千万不能苛求。不但要容人之长，更要容人之短。

要诚恳待人。对人有面前之誉，不如对人无背后之毁；让人有乍交之欢，不如让人无久处之厌。不但要将文明礼貌和尊重施与熟悉人，同样也要施与陌生人；不但要施与富人，也要施与穷人；不但要施与地位比自己高的人，同样也要施与地位比自己低的人。上与君王同坐，下与乞丐同行。

要善待他人。当我们送给别人鲜花的时候，首先闻到花香的是自己，生活就是这样，当你对别人行善时，也在为自己储蓄幸福。

友善的言行、得体的举止、优雅的风度，这些都是你走进他人心灵的通行证。

# 养德点滴

认识别人的人算有智慧，认识自己的人才算高明；
战胜别人的人算有能力，战胜自己的人才算坚强；
拥有金钱的人算有财富，拥有满足的人才算富有；
容人之过的人算有胸怀，谅人之过的人才算大度；
摔倒了不落泪算有忍劲，摔倒了站起来才算坚定；
拥抱朋友算有情谊，拥抱对手才算难得；
打败对手算有实力，让失败的对手在体面中退场才算有风度。

# 在一点点上下工夫

做大米干饭时，少一点点水，饭就会发硬或夹生；在跳高时，刮一点点横杆就会失败；在射击时，偏离靶心一点点就可能输掉比赛；外出赶火车时，晚一点点就要误事；人的基因中百分之九十九点几都相同，就那一点点的差别决定人与人的巨大差异。

人生中，我们经历过无数的一点点。有时让我们遗憾，有时让我们惊喜，有时让我们后悔，有时给我们带来好运……

其实，人生中很多感动就是来自一点点的获得或刺激，却留下永恒的印记。

一点点宽容，可能让别人感激一生；一点点理解，可能让别人舒畅一生；一点点爱心，可能让别人温暖一生；一句鼓励的话，可能让别人自信一生……

让我们不断修炼自己，为有益于别人多付出一点点，为不伤害别人多注意一点点，为把事情做好多精心一点点……在这点点滴滴中，提升自身的价值和品格。

# 自　　警

从政多年，有两副对联虽对仗不尽工整，但就其内容来讲我倍加推崇。在与朋友的交流过程中，有时也推荐给他（她）们，以共勉。

第一副：

上联：得一官不荣，失一官不耻，莫言当官无用，地方全靠一官；

下联：吃百姓之饭，穿百姓之衣，别说百姓可欺，自己也是百姓。

第二副·

上联：见钱莫伸手，不义之钱，取一文我为人不如一文；

下联：遇利别动心，世间之利，让一分民得利不止一分。

从政为官，要牢记肩负的重任，尽职尽责；要心系衣食父母，为民谋利；要严守廉政准则，洁身自好。老老实实做人，清清白白做官，踏踏实实做事。

# 控制情绪

电网短路会造成灾难，电器短路会造成损失。因此，电网中的保险箱和电器中的保险丝是必不可少的。

同样，人的“情绪短路”危害也很大。常言道：“乐极生悲”、“一夜白了少年头”、“怒时之言多失礼，喜时之言多失信”等就是对情绪短路不良后果的最好诠释。

喜怒哀乐人皆有之，关键是如何控制自己的情绪。

哲人说，痛到断肠能忍得过，苦到舌根能吃得消，烦到心乱能耐得住，困到绝境能行得通，屈到愤极能受得起，怒到发指能笑得出，急到燃眉能定得住，喜到满意能沉得下，话到嘴边能停得住，色到情迷能站得稳，财到眼前能看得淡。要修炼到如此程度，很难很难，极少极少。但对情绪加道保险丝还是能做到的，这道保险丝就是忍耐，以此控制自己的情绪。

当然，忍是很痛苦的，“忍”字头上一把刀。这把刀，可以杀掉你的锐气，也可以刻出你的勇气。

人生在世，无论是身痛还是心痛，都不能不忍，疾病缠身，外来击打，要忍；领导的错怪、上司的偏见、同事的嫉妒、朋友的误解、家人的不睦、工作的不顺、对手的诽谤、

社会的诱惑……都要忍。

忍耐是一种修养，是一种境界。忍耐并非懦弱，不是逆来顺受，不是消极颓废，也不是在向自己设定目标前进中的偃旗息鼓。是因看得更远，有更高的追求，而对自己一种自觉的控制和约束。

忍一下风平浪静，退一步海阔天空。

# 女人的气质

气质是女人永久的化妆品，给女人带来美丽、自信和人气。女人的气质表现在：

开朗活泼，但不轻浮放荡；

聪明靓丽，但不孤芳自赏；

积极进取，但不冲动蛮干；

自尊自信，但不自以为是；

随遇而安，但不自暴自弃；

严肃认真，但不呆板固执；

举止优雅，但不矫揉造作；

精于打扮，但不浓妆艳抹；

善于交际，但不失分寸；

善于交流，但不嚼舌头；

……

女人的容颜是天生的，是短暂的；气质是修炼的，是永久的；德行是培育的，是终生的。

# 保持操守

过去组织上经常提醒老干部要保持晚节，意思是要站好最后一班岗，退休不褪色，离岗不离责，永葆革命青春。这是非常重要的。

现在看，在“有权不用，过期作废”观念影响下，更应该提醒在职干部，特别是中青年干部保持早节，对工作尽心尽力，尽职尽责；对自己严格要求，清正廉洁，这更重要。早节不保，危害更大。

# 官场陋习

现在官场上，存在一些令人无奈和气愤的陋习。

## 办公陋习

群众跑来跑去，领导批来批去，部门转来转去，干部推来推去，会议开来开去，最后，问题哪来哪去。

## 说话陋习

领导面前说假话，群众面前说官话，大会小会说套话，民主生活说空话，制定计划说大话，明知不行说硬话。

## 学习陋习

不愿学，不勤学，不真学，不深学，不善学。

## 工作陋习

露脸的工作抢着干；出形象的工作卖力干；碰硬的工作绕着干；领导交办的工作拣着办；群众需要的工作推着办；作秀的工作用心办；长远的工作不愿办。

## 批评与自我批评陋习

批评上级怕报复，批评下级怕丢选票，批评同级怕伤和气，批评自己怕失威信。

# 学会与人共处

人生在世，总离不开与人打交道。有的人很友善，有的人不难交，有的人很难处。

世间有五种人很难共事：一是性情暴躁而不沉稳的人；二是刻薄寡情而不讲面子的人；三是自以为是而固执己见的人；四是办事随意而油滑的人；五是胡搅蛮缠而不懂好坏的人。

有时，与这几种人打交道是避不开的，关键是历练自己与人共事的智慧和胸怀。

# 看刘谦表演所思

人们常说，眼见为实。其实眼见的未必没有假象。刘谦的魔术表演可谓天衣无缝，观之的确是一种享受，但是其中的“机关”有时也难逃人们的慧眼。

艺术舞台上，经化妆师的巧扮，男人可以变成旦角，女人可以化成花脸，正常人可以变成小丑。

政治舞台上，有的人熟稔艺术舞台的技巧，贪官装成清官，庸人扮成智者，造假彰显政绩……归结一点，心中阴暗，表面阳光，怎一个“假”字了得。

艺术舞台上的表演令人叫绝和享受。政治舞台上的表演让人气愤和作呕。

# 小议说话

常言道，眼睛是心灵的窗户，嘴巴是智慧的门户。人人都能说话，但做到会说话却很难。说话反映了一个人的思想、心灵、学识、思维、逻辑能力、表达能力，等等。具体来说，说话要力求做到“四要四不要”。

要说好话。良言三冬暖，恶语六月寒。语言暴力伤害的不仅是双方的感情，而且使相互之间失去尊重与信任。如果能为受窘的人说句解围的话，为沮丧的人说句鼓励的话，为蒙冤的人说句公道话，为无助的人说句支持的话……这才体现了一个人的善良和正直。

要说真话。说真话需要勇气。说真话所得到的就是你不必记住你说过什么。但人生在世，有时的确很难做到。因此，我推崇一位智者总结说话的三条底线：一是力图说真话；二是不能说真话，则保持沉默；三是无法保持沉默又不得不说假话，不要伤及别人。这是经验之谈，也体现了一个人的善良、正直和智慧。

要说善意的谎话。此种与撒谎要区别开来。撒谎的人是心怀叵测，故意歪曲真相。惯于撒谎的人所得到的，就是即使你再说了真话，也难以使人相信你。善意的谎话是

因时间、地点、对象、后果而不便说出真相，故而采取的一种智慧的选择。比如对一位身患重病的人的病情，一时不能全部告之……这亦是体现一种关爱和体恤。

要少说废话。有的人开口千言，离题万里。听起来慷慨激昂，品起来寡淡无味。不少人尖锐指出，这是在浪费别人的时间，无异于谋财害命。在官场上，此风还时而刮之。

不要说假话。假话于己而言，耗精竭虑，因为一句假话要用十句来圆。与人而言，则失去了起码的诚信。造假败坏了世风，报假败坏了党风。使国人不宁，使党威受损。

不要太唠叨。如果沉默不总是智慧，那唠叨永远是愚蠢。

不要嚼舌头。人有三寸舌，舌上有龙泉，杀人不见血。有些人有劣根性，不关心自己怎样，只关心别人做什么，道听途说，听风是雨。张家长，李家短，败坏风气，搅乱人心。

不要口无遮拦。不该讲的话坚决不说；有些话可讲，但必须分场合，在不适合的场合就不能信口开河。

说到底，说话对于一个普通人，是人性的体现；对于一个党员，是党性的体现。一言兴邦，一言丧邦，切切牢记。

# 人与动物有别

耗子嘲笑猫时，身边一定有个洞；山羊讥讽狼时，一定站在屋顶上；狐狸能把百兽吓跑，一定是凭借虎的威风；狗敢袭击生人，一定是依仗身边的主人。

如果说，动物可凭借有利于自己的外部条件来炫耀其强大无可厚非的话，作为人凭借某种条件来炫耀自己就不足称道了。

# 我读《空空诗》

我曾读过《空空诗》，朗朗上口，与《红楼梦》中的“好了歌”如出一辙，异曲同工，对人生启迪深刻。

诗的原文是：

天也空，地也空，人生渺茫在其中。
日也空，月也空，东升西沉为谁功。
田也空，屋也空，换了多少主人翁。
金也空，银也空，死后何曾握手中。
妻也空，子也空，黄泉路上不相逢。
朝走西，暮行东，人生犹如采花蜂。
采得百花成蜜后，到头辛苦一场空！

这首《空空诗》虽然有点消极和偏激，但仔细一想的确有深刻的哲理。它警醒人们珍惜真正属于自己的东西，看淡任何身外之物。我对此诗中的“到头辛苦一场空”一句略加修改为“留下甜蜜乐其中”，为本诗增添一抹积极的亮色。

# 也谈“气”

常言道，人活一口气。生命在一呼一吸间，如果吸进去，再也呼不出来，生命就终结了。

“气”伴随着我们的生命历程。若遇到高兴的事，觉得“顺气”；遇到失意的事，觉得“憋气”；遭遇到挫折，容易“泄气”；一帆风顺时，感到“提气”；游泳时，要学会“换气”；体检拍胸片时，要“屏气”；为缓解紧张，要做“深呼吸”。总之，人的生命离不开“气”，而如何用好“气”，体现了做人的智慧。

靠骨气挺直脊梁，靠正气树立形象，靠朝气迎来希望，靠勇气增添力量，靠志气实现理想，靠才气书写华章，靠和气创造财富，靠人气团结兴旺。

我有次公出去丹东，看到在大梨树广场的石碑上有这样三句话：天有三宝日月星，地有三宝水火风，人有三宝精气神。我向陪同我们参观的当地党委书记建议，能否加上一句话：用好三宝天地通。

是啊，既然生命一时一刻都离不开“气”，那我们必须利用和保护好“气”源、“气”道、“气”场，使自己扬眉吐气。

# 善待他人

你把别人看成天使，你就生活在天堂；你把别人看成魔鬼，你就生活在地狱。

你把鲜花捧给他人时，先闻到花香的是你自己；

你把泥巴抛向他人时，先弄脏的是你自己的手。

你向别人发怒时，首先受伤害的是你自己。

你向别人动粗时，首先暴露了你人性的弱点。

不要以为让别人在公众面前难堪难受就是胜利。对别人以牙还牙，让自己感觉解气，但同时也破坏了自己的形象和心情。善待别人，就是善待自己。

# 哲理篇

重要的不是你活了多久，而是你活得是否合理。

——塞涅卡

# 看体育竞赛所思（一）

我是个体育爱好者，经常观看中央电视台五频道的体育大赛。观赛中，时而碰撞出思想的火花。

拳击比赛，选手出拳时，大臂往往先向后拉，蓄积力量，然后出击；跳高、跳远比赛时，运动员的助跑也是身体先向后，然后奋力加速向前……

这使我联想起一首极富禅意的插秧诗："手把青秧插满田，低头便见水中天。身心清净方为道，退步原来是向前。"后退中便将一块水田插满秧苗。一幅插秧的画图将退与进的奥妙表现得淋漓尽致。

人的一生中，会面对很多抉择，进退与否关乎成败。有时必须后退或放弃，这是人生的必然。有时为了实现目标而选择后退或放弃，这是人生的智慧。暂时的后退或放弃也许会带来阵痛，常常需要忍让、负重，甚至吃亏。但往往后退是为了更好地前进。这种为实现目标的后退或放弃，实际上是有谋略的积极进取的选择，并非一个结局，而是一种奔向成功的途径。

放弃应该放弃的是无欲，放弃不该放弃的是无能；不放弃应该放弃的是无知，不放弃不该放弃的是无悔。拿得起，放得下，收放有度，取舍得当，是一种眼光，一种境界，一种智慧。

# 看体育竞赛所思（二）

每当我观看平衡木比赛，都会紧张得把嗓子提到喉咙眼里。有的运动员平衡得好，就会得奖牌；有的一着不慎，则痛失比赛，只能等待下次再搏；有的一次又一次失败，只能抱憾终生。我每每替他们遗憾。

平衡真的是一门技术，若要把握好的确很难。其实，人生就像走平衡木，在纷纭复杂的事物中求平衡。平衡得好，人生就很灿烂；平衡得不好，就会出现挫折；有的一个错误，穷尽终身的努力都难弥补。

在忙闲之间平衡，既能忙里偷闲，又能从容务实。

在得失之间平衡，既能得所当得，又能舍所当舍。

在是非之间平衡，既不凭感情轻易去肯定，又不怀私念故意去否定。

在成败之间平衡，既能赢时不骄，又能败时不馁。

在对错之间平衡，既是对正确的识别、坚持、支持，又是不对错误的固执、推诿、打击。

平衡心就是平常心，有平常心就坦荡，就快乐。

# 至理名言

巴西的所罗门王有一天晚上做了一个梦，一位智者告诉他一句至理名言：“这也会过去！”国王让大工匠把这句话镌刻在一枚大钻戒上，并天天戴在手指上，以警示自己为国家竭忠尽智。

为什么所罗门王对这句话推崇备至？细细揣摩，因为这句话涵盖了人生的大智慧。它告诉人们：得意与失意、胜利与失败都是暂时的，都会过去的。在得意时，不要趾高气扬，忘乎所以；在失意时，也不要灰心丧气，萎靡不振。胜利了，要勇往直前；失败了，也要昂首挺胸。

一个人在生命的历程中，一个单位在事业的发展中，一个组织在践行自己的纲领中，如果能坚守此则，就一定会铸就成功。

# 观物自得

世间万物，都有自己的位置。世上没有废物，只有放错位置的财富。过去有很多有识之士咏物言志，我够不上言志，只是静观万物，有所心得。

2008年暑期，我的大女儿到杭州出差，出于女孩子的兴趣，她带回了各式各样的扇子，上面还有丹青墨趣。每有闲暇，坐在沙发上，把玩茶几上的几把扇子，不禁对其心生敬意，遂附庸风雅一首《咏扇》。

骨坚衣柔巧梳妆，料精形异做工良。
体轻尚描丹青趣，任重常登俗雅堂。
喜帮世人除暑热，乐助艺家表演忙。
为人不计名和利，律己更忍炎与凉。

诗成之后，第一读者是我夫人，她评说《咏扇》不错，建议我再续写一姊妹篇《咏伞》。得夫人鼓励，我兴致倍增，立刻构思谋篇，又细观常用的伞，潜心揣摩。第二天，我把一首《咏伞》交给夫人，表达了我对“好朋友”的爱意。

遮阳挡雨尽忠心，急用闲弃无怨音。
舞台时常现倩影，断桥也曾助联姻。
十字街头五人聚*，骨坚衣整酬主人。
莫道身微非重物，家家常备时带身。

（注：*伞的繁体字为傘）

每一物品，都有它自身的价值，一是商品价格；二是使用价值。伞的价格不是很高，远远不如钻戒、名表贵重，但世人谁能离开它呢！

让我心生敬意的还有矗立在马路两侧的路灯。它们每天应需开闭，无论严冬、酷暑，默默地“看护”着马路，“目送”着行人，保持一种谦恭的姿态，坚守自己的岗位，不到光荣牺牲决不下岗。有感而发，我写了一首《路灯礼赞》：

繁街小巷展尊容，应需开闭送光明。
春不逐花忍喧闹，夏冒酷暑守忠诚。
低头不赏金秋月，昂首喜迎寒冬风。
一向公正无偏爱，总助路人与车行。
常慕高风严律己，今将军礼付“哨兵”。

由此，我联想到社会上很多平凡的工作者和特殊岗位上的人们，如清扫工、修理工、送奶工、理发师、守卫祖国边疆的战士等，这些普普通通的人，并没有惊天动地的伟绩，没有惊涛骇浪的洗礼，但蕴藏在他们身上的都是美德和力量。难道不值得我们学习和尊重吗？！应该将更多的鲜花献给他们。

# 关键在自己

你不弯腰，别人就无法骑在你的背上；

你不开口，别人就无法知道你在想什么；

你不服输，别人就无法打垮你；

你不贪财，别人就无法击中你；

你不张开双臂，别人就无法投入你的怀抱；

你不绝望，机会就不会远离你。

在纷繁复杂的矛盾中，在种种诱惑面前，保持清醒的头脑，保持内在的定力，谁都奈何不了你。

# 驾驶汽车的启示

坐在汽车驾驶室里，隔着挡风玻璃全神贯注地看着前方，从容地启动、加速、会车、减速、绕行、刹车，不时瞥下后视镜，观察一下两侧的情况，这样汽车就稳稳地驶向目的地了。

车的挡风玻璃是重要的,没有它我们看不清前方；后视镜亦是不可缺少的，没有它，变道行驶时就会发生危险。

我们坐在人生的驾驶室里，昂首挺胸，聚精会神地展望未来，可以向着自己选择的目标快速前进。不时地回头看着走过的路，可以避免少走弯路，顺利实现自己选择的目标。

向后看懂得生活，向前看才能生活，二者缺一不可。

# 打牌的启示

不要总想拿到一手好牌，那样，因为不太可能，所以最容易失望；拿到一手糟糕的牌，未必会输；拿到一手好牌，未必能赢，其中还有自己和牌友的心理素质和牌技。一般来说，打牌赌注下得少，牌技发挥得会淋漓尽致；赌注下得大，牌技会大打折扣。这种想赢怕输的心理，造成打牌过程中的发挥失常，这是结果哆嗦论。

打牌，有时会赢，有时会输。世上没有常胜将军，赢时，不要得意洋洋；输时，也不要垂头丧气。

打牌，不认真，没意思；太认真，没乐趣。

打牌时，你对别人发火，说明别人的牌技高，点子好；自己修养差，点子背。

# 凡事有度

思虑太少，可能失去做人的尊严；

思虑太多，可能失去做人的乐趣。

讲究卫生，有利于身体健康，

染上洁癖，不利于增强免疫力。

自傲的人最可悲；自卑的人最可怜……

失之毫厘，谬以千里。真理超越一步，就变成谬误。要害是如何把握好“度”。

# 治病有感

人在患病之后，才深知健康的可贵。平日里，能注意自己的健康可谓难能可贵。

有的人可以忍受病痛的折磨，因为无法抗拒，但不愿意忍受治病的痛苦，因为可以选择不治。

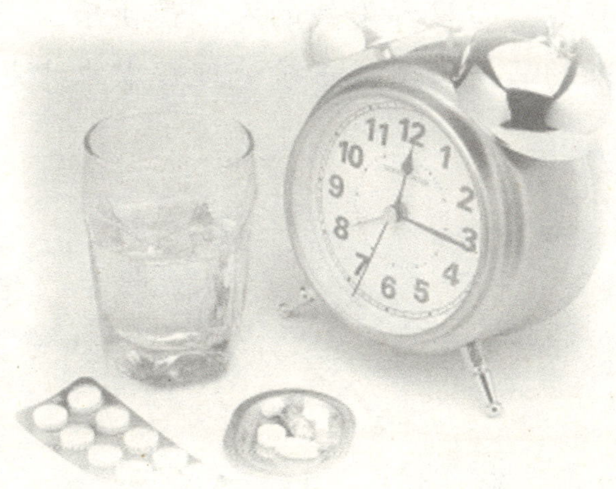

吃糖和吃药是人生两极，但都是为了生命和健康。

得病容易去病难，也就是平常所说的，病来如山倒，病去如抽丝。

# 感觉

幸福不仅仅是对某种需要的满足，而且是对某种需要的理解。

口袋里没钱，心里也没钱的人，不痛苦；

口袋里没钱，心里有钱的人，最痛苦。

口袋里有钱，心里也有钱的人，最烦恼；

口袋里有钱，心里却没钱的人，最快乐。

得到需求的算是满足，正确地理解需求才是幸福。

# 礼遇与尊重

漫观领导作报告、讲话、检查工作、出席会议，经常听到掌声，接受献花；下属或群众遇到领导时，都会礼貌地问候或点头示意。我认为，这是一个领导者通常受到的礼遇，而并不完全表明是对领导者个人的尊重。

掌声并不一定是发自肺腑的；献花并不一定是表示爱戴的；问候并不一定是心怀敬意的……

“政声人去后，民意闲谈中”。对每一个当权者，群众背后对你的态度，离任后对你的评价，经过时间或实践的考验对你决策和工作的评判往往更具真实性。因此都应保持清醒的头脑，切莫飘然于鲜花、掌声之中。

# 选　择

在得意时，想失意时的感受；在失意时，想得意时的好处。

当无事时，应像有事时那样谨慎；当有事时，应像无事时那样镇静。

当富有时，应像贫穷时那样节俭；当贫穷时，应像富有时那样满足。

在开始时，不要期待得太多；在结束时，不要留恋得太久。

不要后悔选择放弃，但一定不要放弃选择。

……

人生中的每一段路，生活中的每一件事，不同的人会赋予它不同的思维和行为方式。这些方式折射着一个人的心性、眼界、胆识、气度和襟怀。

# 现象和实质

蜜蜂整日忙，受到赞扬；

蚊子忙来忙去，人见人打。

多么忙并不重要，为什么忙才重要。

有的谎言，让人褒赏；

有的谎言，让人愤怒。

问题不在骗术，关键是为什么说谎。

有人聪明，人们斥之为狡猾

有人聪明，人们誉之为智慧。

问题不是差在智商上，关键是差在道德上。

这就告诫我们，不要只看现象，因为它会欺骗你；一定要看实质，才能分清是非。

# 关键是实质

成熟不一定与年龄有关；
智慧不一定与智商有关；
幸福不一定与金钱有关；
水平不一定与文凭有关；
阅历不一定与学历有关；
威望不一定与职位有关；
气质不一定与容貌有关；
眼界不一定与视力有关；
……

看问题要看实质，修炼自己关键是提高自身素质。

# 做人篇

学会如何生活，需花一辈子的时间。

——辛尼加

# 谈 钱

没钱是万万不行的，人的衣、食、住、医、学、行都离不开钱。但钱绝不是万能的。钱能买来食品，却买不来食欲；钱能买来药品，却买不来健康。用健康换来的金钱，却换不来健康；用青春换来的金钱，却换不来青春；用生命换来的金钱，却换不来生命。

钱与幸福有关。身无分文，食不饱腹，衣不蔽体，感觉不到幸福。从没有钱到解决了温饱，幸福指数陡增。当钱对人的生存和发展已有充分保障，再继续增多时，对幸福指数的作用越来越小，这是金钱边际效益递减原理。一个乞丐讨到一碗红烧肉会欣喜若狂，一个亿万富翁赚到100万也不觉得很爽就是这个道理。

挣钱体现一个人的价值，花钱表现一个人的品位。

君子爱财，取之有道。一个人应该在政策和法律规定的范围内，凭诚实劳动和聪明才智挣钱，但决不能得不义之财。否则，赚了钱财，坏了良心。

大多数有钱人都能守法经营，完善自己，发展事业，善待员工，回馈社会，涌现出一批为社会所公认的有德有才之士。但也有些有钱人为富不仁：有的无视法律，赌博、嫖娼、吸毒、雇佣杀手犯罪等；有的违背社会公德，包养情妇、扰乱社会、腐蚀他人等；有的放纵自己，胡吃海喝、挥霍无度等，让人看到一副一夜暴富的小人嘴脸。

在获得金钱的过程中，如果感到恐惧或屈辱，在获得金钱之后，也就不能指望用这样得到的钱生活得怡然自得。因为在恐惧和屈辱中得到的钱，用起来心中会不安或心酸。

金钱无善恶，有人沦为金钱的奴隶，有人成为金钱的主人。人不能把钱带入坟墓，但钱能把人带进坟墓。明代僧人悟空的《万空歌》里有一句：“金也空，银也空，死后何曾握手中。”道理皆知，但现实生活中，为钱，有的人利用职权贪污受贿；有的人贩卖毒品、拐卖儿童；有的经营者偷税漏税、制假售假等，不仅毁掉了自己的前程，甚至断送了宝贵的生命。

每读唐朝名臣张说的奇文《钱本草》，都会欷歔不已，感慨其集40余年的做官体会，对钱与官在社会肌体中的各

种运作状态入木三分的评说和见解。全文不长，照抄如下：

《钱本草》：钱，味甘，大热，有毒。偏能驻颜采泽流润，善疗饥寒，解困厄之患，立验。能利邦国、污贤达、畏清廉。贪婪者服之，以均平为良；如不均平，则冷热相激，令人霍乱。其药，采无时，采之非理则伤神。此既流行，能役神灵，通鬼气。如积而不散，则有水火盗贼之灾生；如散而不积，则有饥寒困危之患至。一积一散谓之道，不以为珍谓之德，取与合宜谓之义，使无非分谓之礼，博施济众谓之仁，出不失期谓之信，入不妨己谓之智。此七术精炼，方可久而服之，令人长寿。若服之非理，则弱志伤神，切须忌之。

《钱本草》，可谓是一剂复方“戒贪药”，读了，领悟了，践行了，真能起到“药到病除”、“治病救人”之作用。

# 人 与 人

契诃夫所著《一个小官吏之死》，写的是庶务官切尔维亚科夫在看戏时，下意识地打了个喷嚏。本来没喷多远，恰在此时，坐在前排的一位将军拿出手帕擦了擦脖子和脑袋，嘴里还嘟囔了几句。庶务官心生恐惧，坏了，我这该死的喷嚏喷到他头上了。于是欠身向前，再三对将军说："看在上帝的面子上，请原谅我，我不是故意的。"将军感到莫名其妙，并有些不耐烦。这使小官吏更加忐忑不安。第二天，又亲自去将军接待室赔礼，将军说："这简直是胡闹。"第三天，小官吏再次上门道歉，将军愤然，大吼"滚出去！"，吓得小官吏魂飞魄散，不久便死了。

读后，我在想，如果小官吏打喷嚏时，坐在他前面的是一位地位比他低的人，那他会怎样？说不定他连一句对不起的话都不会说。

做人应堂堂正正、洒洒脱脱。在人之下时，应视已为人，体现一种自信和尊严，不能用作践自己来取悦别人；在人之上时，应视人为人，体现一种平等和尊重，不能用作践别人来取悦自己。

大凡一个人对比自己地位高的人低眉顺眼、卑躬屈膝，反过来对比自己地位低的人就会不屑一顾、不可一世，这是人格的缺陷和人性的残疾。

人与人虽工作岗位有不同，职务有高低，但其人格是平等的。

# 不知不为耻

俗话说，知之为知之，不知为不知，说的是做人要实事求是，不要不懂装懂。

杜瓦尔是弗朗索一世皇帝的图书管理员。一天，有人突然出了一道题让他回答，他说："我不会。"

那个人却不怀好意地说："可是皇上是根据你的学识给你的俸禄啊！"

杜瓦尔答道："你说的没错，皇上给我俸禄的标准是根据我懂的东西，如果按我不懂的东西给我俸禄，那皇上的全部财宝也不够支付我的了。"

杜瓦尔的回答是多么一针见血，多么酣畅淋漓啊！苍茫宇宙，亘古至今，知识无穷无尽，像浩瀚的大海。人与人之间的知识渊博程度肯定有差异，但再有学问，也不过是在某一领域、某些方面掌握得多一点，研究得深一点，也只不过是沧海一粟。因此：

1.不懂不为耻，装懂最可耻；

2.决不能以己所知，耻笑人所不知；

3.决不能以不知不为耻而放松学习，知识永远是随身的财富。

4.学无止境，应树立终身学习的理念，活到老，学到老。

5.领导向下属提问题,如果是下属应知或应掌握的情况而张口结舌，那么，给予批评是应该的。反之，不应过分苛求，甚至轻蔑，否则，就有孤傲和卖弄之嫌。

# 善待对手

人生中，有时会遇到和你作对的人，有的还死死缠着你、盯着你不放。怎样对待对手，体现一个人的胸襟和思想方法。

对手，是你地位的标尺。也就是说，看一个人的地位，就看他的对手是谁。一个百万富翁决不会选择一个乞丐做对手，反过来，一个乞丐也决不会选择一个百万富翁做对手。而一个乞丐讨要到一碗红烧肉，很可能引起另一个乞丐的不满和嫉妒。

要和对手保持联系。这不仅可以显示自身的强大力量和宽阔胸怀，还能知己知彼，百战不殆；或化解怨恨，成为朋友。这个世界上，没有永远的朋友，也没有永远的敌人。人生在世，犹如乘公共汽车，旅客有上有下，关键是如何与之和谐相处。

要感谢对手。如果说朋友是你成功的支持力量，从一定意义上讲，对手是你的警醒力量，因为他把你的不足告诉了你，提醒你不做什么。也可以说，朋友助你成功，对手逼你成功。再说，如果你是一个智者，从你的对手中可以发现人性的不足。

不要把对手看成洪水猛兽，真正能打败你的不是对手，而是你自己。

与其憎恨对手，不如武装自己。这样你就会快乐、会坦然、会坚定，就会像傲立于山巅上的青松。

# 人生态度

人生不如意十有八九，快乐与否、成功与否、幸福与否，关键看自己处理它的态度和方法。面向阳光，阴影即在身后。

你不能决定生命的长度，你可以扩展它的宽度；

你不能改变天生的容貌，你可以绽放出快乐的笑容；

你不能控制他人，你可以掌握自己；

你不能全然预知明天，你可以充分抓住今天；

你不能拥有的很多，你可以计较的很少；

你不能改变事实，你可以改变自己的态度；

你不能成为参天大树，做栋梁之材，你可以成为嫩绿小草，点缀自然；

你不能像雄鹰展翅翱翔，你可以像小鸟穿越林间。

如果我们处理问题的方法辩证而理智，如果我们对待人生的态度健康而积极，如果我们的心念意境淡定而开朗，那么，展现在我们面前的一切，都将是美好的。

# 人生四季

上帝把幼儿的我交给了父母，使我享受了母亲乳汁的甘甜；把少年和青年的我交给了学校，使我享受了学习的兴趣；把青年和壮年的我交给了社会，使我享受了事业的庄严；把老年的我还给了我自己，使我享受着自由的从容。人生并不长，活到四万天的寥寥无几，要善待自己，真正和自己过不去的就是自己，要把握好自己，活出味道，活出洒脱，活得自如。

幼儿的哈喇子，青年的美丽痘，壮年的白头发，老年的黑色斑，是人生四季的生理果实，上帝在给人主产品的时候，也给人附带了副产品，重要的是学会理解它、接受它。人有得有失，这是必然，既要拥抱“主产品”，又不要伤感“副产品”。

幼儿的天真，青年的浪漫，壮年的持重，老年的理智是人生四季的心灵果实，这是上帝的恩赐、人生的规律。少年莫笑白头翁，花开能有几时红。切记互相之间要理解、要包容，否则，就会产生代沟。

老年人和青年人在一起会变得年轻，青年人和老年人在一起会变得睿智。大家心灵共舞，社会就和谐，家庭就幸福。

# 做好人难

做好人意味着忍辱负重，意味着付出。做坏人至少可以随心所欲。

危难之际，做好人得挺身而出，说：“我不下地狱，谁下地狱。”做坏人可以脱身而走，一切与我无关，甚至落井下石。

与人相处，好人总得理解和原谅别人，坏人可以随意放纵自己，伤害他人。

在做事方面，好人做好事，人们习以为常，因为他是好人。偶尔做一点不好的事或者坏事，人们就会惊呼，这人怎么堕落成这样了！而坏人做坏事，人们觉得不足为奇，偶尔做了一点好事，人们会一致认为这个人脱胎换骨了。

好人从来不算计别人，坏人总在算计别人。

有时常听别人议论，现在千万不能多管闲事。一辆汽车把一老头刮倒了，司机居然没停车。一个年轻人见状，速把老人家送到医院，老人的子女认定年轻人是肇事者，老人也昧着良心说是这个年轻人撞的自己。结果，好心的年轻人做了好事不但没得到好报，反而惹了官司，出了力赔了钱，苦不堪言。诚然，这样的事、这样的人的确存在。但是，我们生活在社会上还是好人辈出。每年电视台表彰的感动中国杰出人物，都是亿万民众之杰出代表，他们的事迹使电视机前亿万观众热泪盈眶，感动着无数有良知的人们。2008年的汶川地震，社会各界纷纷解囊。沈阳市慈善总会收到的赈灾捐款两个多亿，其中的百分之七十多是来自社会平民，这足以证明了蕴藏在人们心中的善良。春色满园，百花引得蜜蜂采蜜，也时有苍蝇叮扰。朗朗乾坤，是人们播种善良的空间，也时有坏人作恶，这不足为奇。但呼唤正义，推崇真诚，追求高尚，渴望善良，永远是社会的主旋律。

从整个历史长河来看，好人做好事虽然一时不得好报，但最终会有好报，况且“好人”两个字本身就是荣誉与桂冠；坏人虽然一时得逞，但最终是多行不义必自毙；况且“坏人”两个字本身就是一种耻辱。

但愿世人都能见贤思齐，见劣自省，淡定从容地满怀信心地做好人。

# 防　　变

吐沫不是江海，但可以淹死人；手不是天，但可以遮天。豆腐渣不是硬东西，但可以砸死人；权力不是印钞机，但可以生出钱来；人格不是商品，但可以当做商品出售；金钱不是万能的，但可以带人走进坟墓……

事物在一定条件下是会发生转变的。外因是变化的条件，内因是变化的根据，只要加强修养，不为金钱、名利、美色所诱惑，就不会变质。特别是掌握一定权力的人，更要牢记欲不可纵，傲不可长，乐不可极，志不可移。这样，就能坚守住做人、做官的准则。

# 给心灵松绑

捆绑住你的手脚，你就寸步难行；捆绑住你的思想，你就失去创意；捆绑住你的心灵，你就失去快乐。

人生中有各种各样的羁绊，而以心灵的羁绊最为残酷，虽然摸不着、看不见，但总像幽灵一样缠着你。要想彻底摆脱这个羁绊，就要找到它的源头。

1．虚荣心。虚荣是一种扭曲的自尊心。自尊心追求的是真实的荣誉，而虚荣追求的是表面的荣耀。人世迢迢，不少时刻我们活得太修边幅，过于谨慎和刻板，为了各种名目或追求完美，担着太多重负而失去自我。人生原本是简单真实的，且存在不可避免的缺陷，有些人对完美生活的幻想超出了实际生活的本身。刻意装点自己，就像一盆假花一样，虽然看起来很精致，但缺少生命的真实，缺少灵魂的寄托。

2．放纵欲望。极盛的欲望像枕上的飞蝶，扰乱你安然入睡，驱使你不停地追逐。为此，不惜付出自尊、时间、健康甚至生命，并且深陷其中而不能自拔。

3．嫉妒。这是一种难以启齿的心理疾病。生怕别人好，惟恐别人超过自己。东吴大都督周瑜有经天纬地之才，却无大将度量，对才能高过他的诸葛亮耿耿于怀，多次设计暗算，却都被诸葛亮一一识破，最终落得“赔了夫人又折兵”，临终前跪地问天：“既生瑜，何生亮！”嫉妒像一条毒蛇，能吸出你健康的骨髓，注入使你堕落的毒液；像悬崖上狂奔的野马，在攀登人生高峰的路上，能把你驮入万丈深渊。人生在世，谁无进取之心，但要调整好心态，切不可心生嫉妒之意。

挣脱心灵的枷锁，打破心中的瓶颈，做到工作上尽力而为，名利上不争不抢。知足常乐，自得其乐，助人为乐。

# 切勿执迷不悟

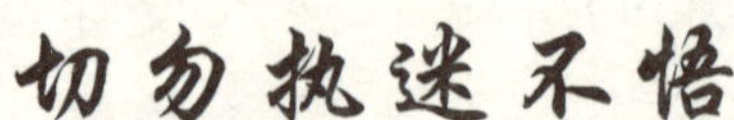

“悟”者，一个“心”，一个“吾”，即自己的心。所谓不悟，也就是心不开窍。

为何“不悟”，原因是“执迷”。

“执”者，一个“手”，一个“丸”，即手握成拳，“拳”者似“丸”，且不松开。

“迷”者，一个“米”，一个“走”，即米旁行走，眼界太窄，空间太小。

勿“执迷”，就是要松开手，放得下，睁大眼，看得开。

人应该追求大彻大悟，即使一时难以做到，但也万万不可“执迷不悟”。“浴不必江海，要之去垢；马不必骐骥，要之善走”。做普通人，干平凡事，身外之物莫奢恋，珍惜自己的拥有就快乐。

# 谷穗的启示

在丰收的季节，我们走进田野，会看到这样一种现象：有低头沉思的谷穗，也有昂头挺胸的谷穗。低头者穗粒饱满，昂首者徒有空囊。

人，大多也如此吧！趾高气扬者则多为底蕴不深、内涵不多；言行低调者则多为博学多才、品行端正。站着的人不一定伟大，跪着的人不一定屈辱。站着做人，跪着做事的，也许是真正的强者。

# 虚心与心虚

虚心的人，关注自己的工作，
心虚的人，关注自己的名字。
虚心的人，用文凭来鞭策自己，
心虚的人，用文凭来炫耀自己。
虚心的人，用荣誉来激励自己，
心虚的人，用荣誉来标榜自己。
虚心的人，用权位来约束自己，
心虚的人，用权位来放纵自己。
虚心的人，用别人的长处来补充自己，
心虚的人，用别人的长处来折磨自己。
虚心的人，处处尊重别人，
心虚的人，处处轻视别人。
虚心的人，听到批评则反思自己，
心虚的人，听到批评就抱怨别人。

虚心和心虚只是两字排序的相反，但其表现形式却如此迥异。

# 谈良知

良知是一种道德观念，是做人的基本准则。

良知的内容很广泛，但有三种对人生的影响是至关重要的，即知耻、知愧、知恩。

知耻。具有廉耻心，知道什么该做，什么不该做，就能把握住做人的底线。如果人人都深知：出卖良心可耻，危害社会和他人可恶，并能在行为上约束自己，那么社会的文明将前进一大步。

知愧。懂得愧疚，知道什么做得对，什么做得错，什么做得到位，什么做得不够。人非圣贤，孰能无过。知过能改，善莫大焉。人生的最高境界，不是高官厚禄、锦衣玉食，而是一辈子无愧于心。

知恩。即有感恩的心。如果人人都以感恩的心面对社会、面对亲朋、面对生活，那么，即使在困厄的环境里，也会看到生命的绿洲。

人之初，性本善。良知也许与生俱来，但保持良知需要我们自觉磨炼。

# 隐　忧

工作中，说不定潜伏着虚假的数字；

路途中，说不定潜伏着横冲直撞的车；

饭馆里，说不定潜伏着杯盘飞舞；

菜肴里，说不定潜伏着地沟中的油；

奶粉中，说不定潜伏着有毒的物质；

购房时，说不定潜伏着“一女多嫁”；

过桥时，说不定潜伏着倾斜坍塌；

接电话，说不定潜伏着诈骗；

看文凭，说不定潜伏着买来的假证……

社会上潜伏的种种隐忧让善良的人们担心、无奈和恐惧；同时，让那些制造一种隐忧的人也在严防着另一种隐忧。

社会呼唤良心的回归、诚信的回归、人性的回归。

# 人生是一本书

每个人都是一本书。父母是出版社，生日是出版日期，身份证号码是书号，作者就是自己。

人人都用生命撰写着自己的那部书，无论是高贵或低贱，富有或贫穷，成功或失败，幸福或痛苦，快乐或悲伤……

在装潢上，人人都有两个版本，精装本和平装本。一般来说，展现给亲人和朋友的是平装本，展现给生人的是精装本。

当生命画上句号时，这本书就完成了，这叫盖棺定论。

有的人成为一部鸿篇巨作，供后人研究、探询和挖掘；

有的人成为教科书，供后人学习和效仿；

有的人成为刊物，供人订阅；

有的人成为闲书，后人偶遇时才随便翻翻；

有的人成为禁书，后人嗤之以鼻。

人不能永生，但可以不朽，关键看作者有怎样的人生轨迹。

# 最悲哀之人

世上最悲哀的几种人：削去帝号之王；扶不起的天子；沦为乞丐的富翁；连眼泪都无处流的伤心人；傻瓜堆里的聪明人；心中没一个思念人的人；死后没一个掉眼泪的人；为追名逐利而丧失人格的人；儿孙满堂却无人赡养的人；背着满兜黄金上街却无零钱打车的人；牺牲健康换得金钱的人；因为贪婪而失去自由的人……

想想这些人，就会珍惜自己的拥有，就会过得很快乐。

# 处事篇

许多人品德高尚往往是实践的结果，而不是天生使然。

——德谟克利特

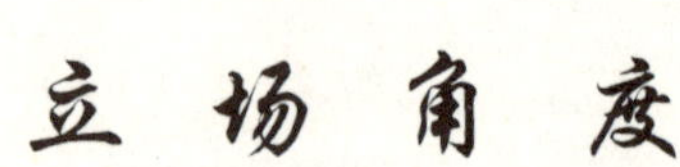

# 立场角度

一位朋友送我一本他的书法作品集，开篇有一段话深得玩味，颇受启发。

唐太宗谓许敬宗曰："朕观群臣，唯卿最贤，犹有言卿之过者，何也？"许敬宗曰："臣闻，春雨如膏，滋长万物。农夫喜其润泽，行人恶其泥泞。秋月如镜，普照万方。佳人喜其玩赏，盗贼恶其光辉。天尚且不尽人意，何况臣乎……臣无肥羊美酒，焉能以调众口。是非朝朝有，不听自然无。君听臣遭诛，父听子遭戮，夫妇听之离，朋友听之绝，亲戚听之疏，乡邻听之别。人生七尺躯，谨防三寸舌，舌上有龙泉，杀人不见血。此之谓也。"唐太宗曰："卿言甚善，朕当识之。"

历史上，唐太宗是很有作为的皇帝，其当政之时誉称"贞观之治"。从这段对话中可以看出：

1.唐太宗不偏听偏信，善于倾听下属辩解，从而作出正确的判定。

2.许敬宗的对答充满辩证法，因此，足以服人。

3.对同一个事情、同一现象，由于不同人的立场、角度、出发点不同，得出的结论也就不同，甚至截然相反。

这就需要一个当权人不能先入为主、听信谗言，以致错待他人，甚至误斩良将、贻害事业。

# 谈 诚 信

## —— 两则真实故事引发的思考

**故事一**：

在繁华的纽约，曾发生过这样一件震撼人心的故事。

一个周五的傍晚，一位贫穷的年轻艺人仍像往常一样，站在地铁站的入口，拉着小提琴。琴声优美动听，吸引不少路人驻足倾听，还有一些人往他的礼帽里放些钱。

第二天的黄昏，所有的景象依如昨晚。但不同的是，年轻艺人从包里拿出一张大纸，认真铺在地上，四周还用小石块压上。纸上写着："昨天傍晚，有一位叫乔治·桑的先生错将一份很重要的东西放在了我的礼帽里，请来认领。"过了半小时，一位中年男子急忙跑过来，抓住年轻艺人的肩膀说："啊，是您呀，我就知道您是诚实的人，一定会在这等我。"

艺人问："您是乔治·桑先生吗？"

男士频频点头。艺人又问："请问，您遗落了什么东西？"

男士说："奖票、奖票。"艺人立刻归还了他。

原来事情经过是这样的：乔治·桑日前买了一张彩票，周五上午开奖，他中了50万美元的奖金。傍晚他经过地铁口时，美妙的琴声吸引了他，一曲结束，他从包里掏出50美元，放在了艺人的礼帽里，可不小心掏钱时把奖票也带了出去。

年轻的琴手是艺术学院的学生，原定周六飞赴维也纳进修学习，但因发生奖票的事情，只好退掉机票来等失主。

后来有人问琴手，你为了筹措进修的费用，每天风雨无阻地来这里拉小提琴，那为什么不留下奖票，自己去领呢?

琴手说：虽然我没钱，但我活得很快乐；假如我隐匿了属于别人的东西，那我将永远失去快乐。

**故事二**：

一位中国籍的大学毕业生参加加拿大一家大公司的招聘。按规定，要进入公司必须通过职业道德测试。在测试中，第一道题是这样的：

在你以往的工作中，有没有未经允许拿过单位的东西回家？A：从没有；B：价值不超过5元；C：价值不超过20元；D：价值不超过200元。

这位考生想，在单位工作怎么能没拿过单位的东西呢！A肯定是陷阱，于是选择了B。

第二道题是这样的：你的一名同事没有申报便拿了公司一元钱的东西，你认为老板做法是否合适。A：批评；B：阻止其提升或给予其降职；C：开除；D：报警，起诉该员工。

这位考生按照传统思维认为，A、B答案应在情理之中，C有点过分，D就根本不能接受。

然而，正确的答案是：第一题为A，绝对不能拿过；第二题为D，起诉。因为在加拿大，即使是拿公司的文件回家加班，也必须事先经过主管同意，否则性质就很严重。对于偷窃，公司有权利起诉，更何况是一元钱现金呢！

这些令人瞠目结舌的答案，就是在这个讲信用的社会里我们所不能理解的东西。在这样的社会里，很多东西都可宽容，就是对有违信用的行为一点都不能宽容。

再看看我们的现实，制假售假打而不止；假文凭、假钞票、假证件屡见不鲜；弄虚作假、沽名钓誉时有耳闻；违背合约、公饱私囊大有人在……人们对世风日下哀叹，对诚信缺失扼腕，人与人之间缺乏基本的信任。买东西怕缺斤少两、假冒伪劣，投资怕被坑骗，救急救难怕被沾包，孩子上学或玩耍怕被劫持……

人们呼唤诚信，社会需要诚信。当前诚信缺失的主要原因有以下几个方面：

一是教育内容空乏。大而化之，没有深入做人的最基本方面。

二是处罚不严。是否恪守诚信还基本属于道德层面，没有严格的法规条文对其约束和惩罚，导致的直接后果就是不守诚信，有利可图，输九次赢一次也不赔。而恪守诚信的人往往吃亏，甚至被嘲笑成傻子，弄虚作假成为了可怕的趋向。在一些发达国家，一个人的信用没了，他的生存基本也完了。如果不守诚信会付出生命的代价，那谁还会铤而走险呢？！

三是社会管理机制不健全。对于无诚信者没有档案记录，或在一个单位、一地有记录，换个城市和岗位就丢了，这样就会给不守诚信之人以可乘之机和回旋余地。如果诚信档案健全，那么，不守诚信者将如过街老鼠，人人喊打，谁还会轻易而为呢？！

细节决定成败。我们应该抓实各个环节，促进全社会的诚信回归。

# 差　别

对同样一件事，不同的人有不同的态度：

1.甲、乙二人面对自己杯中的半杯水：

甲：好，再添半杯，我杯里的水就满了。

乙：唉，真不幸，我的水杯有一半已空了。

2.甲、乙二人黑夜从同一窗户往外看：

甲：真迷人，满天的星辰亮闪闪。

乙：真吓人，外面漆黑一片。

3.甲、乙二人对孩子两次考试从60分提高到80分：

甲：孩子，我真为你高兴，你的成绩提高得真快。

乙：孩子，你真笨，你看你班的小刚考了98分。

4.甲、乙二位年轻的妈妈带孩子学走路，面对摔倒的孩子：

甲：儿子，勇敢点，站起来，往前走。

乙：儿子，摔痛了没有，等妈妈去抱你。

5.甲、乙二人面对在学生郊游爬山过程中不慎崴了脚的孩子：

甲：没关系，要爬山就有风险，治一治就好了。

乙：你们老师怎么带的学生，我要起诉学校，让他们赔偿。

6.甲、乙二人面对有的干部犯过一些错误，已作出深刻检查：

甲：这些干部经过多岗位培养，是宝贵的财富，知错就改，又增强了免疫力，应委以重任。

乙：干部有的是，何必用他们呢？

7.甲、乙二位夫人面对酒醉的丈夫回家：

甲：亲爱的，还难受吗？喝杯开水，用热毛巾擦擦脸。

乙：你怎么就控制不住自己，见了酒就不要命，瞎喝啥呀！

8.甲、乙两个司机雨后驾车行驶在马路上，前面有骑自

行车的为了躲积水挡住了去路：

甲：不鸣喇叭，不强行超人。

乙：连续按喇叭，强行在水中超人，溅了行人一身水。

9.甲、乙两人同时涨了150元工资：

甲：真高兴，工资卡里又多了150元。

乙：长这么点，看人家丙涨了200多元呢！

10.甲、乙两家长看到在一起玩的孩子打了架：

甲对自家的孩子说：小朋友在一起玩多快乐啊，快去与好朋友拉拉手。

乙对对方的孩子说：你干什么，怎么能欺负我家的孩子呢？再有一次，我一定揍你一顿。

11.甲、乙二人在除夕夜等到新年的钟声敲响：

甲：新的一年到来了，让我们张开双臂，拥抱它吧！

乙：唉：旧的一年总算过去了，让我们告别它吧！

12.甲、乙二位家长面对并没有受过很多教育的成功人士：

甲：孩子，这并不是说不用读书就一定成功。你学到的知识就是你的武器，人可以白手起家，但不可手无寸铁。

乙：孩子，学习能成功，不学习也可能成功，你自己看怎么好就怎么办吧！

人活在世上，每天都在与人交往，与事打交道，如何过得快乐，过得有意义、有品位，确是一个值得思考的问题。

# “三 做”谈

中国科学院院士、中国外科医学奠基人裘法祖老先生有这样一个座右铭：“做人要知足，做事要知不足，做学问要不知足。”裘老这句话可谓朴实无华，却又发人深省。

做人要知足，这是一种人生境界，说起来容易，做起来很难。面对社会上的种种诱惑，能够从容而淡定，这是人的最高修炼。德国哲学家叔本华曾说过：“我们很少想到自己拥有什么，却总是想着自己还缺少什么！不要感慨你失去或尚未得到的事物，你应该珍惜你已经拥有的一切。”如果你有一个健康的身体，你比世界上几千万经受疾病折磨的人都幸运，更比每一周离开这个世界的上百万人幸福。如果你不曾经历过战争的危险，被囚禁的寂寞，被凌辱的痛苦，你比世界上5亿人的命运要好！如果你有食物充饥，有衣服保暖，有房屋可居住，你比世界上75%的人要富足。如果你银行里有存款，钱包里有卡，口袋里有零用钱，你已属于世界上8%的富有者。盘点自己的拥有，快乐会陪伴着你。幸福不仅是对某种需求的满足，而且是对某种需求的理解。知足常乐。

做事要知不足。古语云：“君子博学而日参省乎己，则知明而行无过矣。”可见时刻发现做事中的不足是多么重要。人生一世，草木一秋。整日若无所事事，真的是枉来人世一遭。做事不必好高骛远，总想做出非凡的事情。其实，把每一件平常的事情非凡地做好就是不平凡。感动中国的山区邮递员，感动沈阳的送奶女工，他（她）们真的很平凡，但就是这简单的平凡却彰显了人性的伟大。做事要精益求精，树立一点也不能差、差一点也不行的工作准则。坚持做事知不足，就会收获一个灿烂的人生。

做学问不知足。大科学家笛卡儿就曾说过：我努力地探索和学习，却只是越发地发现自己的无知。做学问不能一知半解、浅尝辄止；不能不懂装懂，借以吓人；不能知道一点，就骄傲自满。再有学问的人，对浩瀚的知识海洋来说，也是沧海一粟，切不可一瓶子不满半瓶子晃。知识是一个人随身携带的财富。学无止境，要活到老，学到老。关系是泥饭碗，是会碎的；文凭是铁饭碗，是会锈的，本领是金饭碗，是会升值的。

人生纷繁，万绪千头，惟有把握好做人、做事、做学问这三重问题，做到知足、知不足、不知足，方能拥有光辉灿烂的人生历程。

# 一则故事引发的思考

一个小男孩问爸爸："爸爸，是不是做父亲的总比做儿子的知道得多？""当然了"，父亲毫不迟疑地回答。小孩又问："爸爸，电灯是谁发明的？""爱迪生"，父答。小孩紧接着反问："那爱迪生的爸爸怎么没发明电灯呢？"父无语。

在现实生活中，时有这样的现象发生：

在父亲面前，当然是儿子错了；

在交警面前，当然是司机错了；

在裁判面前，当然是球员错了；

在村长面前，当然是村民错了……

这种习惯于用位置和级别来代替正确的判断，理性就变得暗淡无光。因此，发生在足球领域的黑哨腐败，一些行业的特权思想，一些领导的自恃高明，一些家长对孩子的粗暴行为，等等，也就不足为奇了。

当然，行有行规，党有党纪，国有国法，这是毋庸置疑的，必须严格遵守和执行。但是如果少一些直观的判断，多一点理性的思考，是否对工作更有利呢？比如，一场球赛，连普通观众都能看出因裁判的误判而导致胜败结果的迥异；一个党性强、威信高、工作实的干部却得不到重用；一个工作失误的责任追究……如果再深入一点，就会对人、对工作、对事业更有利许多。

# 我有权的背后

在现实生活中，的确存在这样一些不正常现象：对于别人真诚的规劝，不但不心存感谢，反而认为是狗拿耗子多管闲事，说什么“这是我的权利，你管不着”；对于别人善意的提醒，则认为是吃饱了撑的，没事找事，说什么“这是我的自由，你无权干涉”。

文明的实质是植根于内心的修养，一种不需要他人提醒的自觉，一种以承认约束为前提的自由，一种时时、处处、事事为社会和他人着想的善良。

你有权发怒，但不可践踏别人的尊严；你有权随意，但不可干扰和伤害别人；你有权嫉妒，但不可幸灾乐祸；你有权争取辉煌，但不可放弃眼前的责任；你有权维护自己的权益，但不可以报复为手段；你有权犯错误，但不可讳疾忌医；你有权坦言，但不可口无遮拦；你有权说谎，但不可心存恶意；你有权成功，但不可傲视别人……

人活在世上，应该自信，但不可过于自我。替别人着想，顾及和尊重别人，这是一个人最起码的修养。而修养正是体现在这些无处、无时不在的小事上。在事业上争取成功、铸就辉煌固然重要，但与人相处的良好习惯和修养同样重要。如果一个人的职位代表你的身份的话，那么习惯和修养就是你的第二身份。人们往往以后者来判断你的品格。

有的大款、大腕、当权者……本应令人羡慕、尊敬，但其作为却让人感到失望、遗憾，甚至嗤之以鼻，其中一个重要的原因是没把握好自己的第二身份。

# 看足球世界杯有感

甲、乙两个球队正在激战，忽然在禁区中，甲方一名球员的一个干扰动作，乙方球员借机摔倒，以企盼裁判能判给一个点球。观众都忐忑不安地等待裁决。只见裁判凭借一双慧眼和绝对的权威，果断给假摔者出示一张黄牌，观众无不拍手叫好。

日常生活和工作中的装假者是很难对付的，明知是假，但很无奈。因为装睡的人永远叫不醒，装病的人永远医不好，装傻的人永远点拨不明。

我们虽然有足球裁判的慧眼，但却没有他们的权威。所以，不应把精力放在揣摩装假者的真实动机上，而应另辟蹊径，以自己的智慧和谋略，还原装假者的本来面目。

# 对等

如果敌人在你的射程之内，别忘了，你也在他的射程之内；

你希望上司如何对待你，你就应该如何对待下属；

不要向邻居家的窗户扔石头，如果你自家的窗户也是玻璃的；

你要想赢得别人的尊重，你首先要尊重别人；

善于奉承的人，一定善于诽谤。

# 付出你的微笑

希尔顿堪称世界旅馆帝国，康德拉·希尔顿写的《宾至如归》一书被希尔顿员工视为《圣经》，而书中的核心内容是：一流设施，一流微笑。

纽约一大百货公司主管人事的经理说："我宁愿雇佣一名有可爱笑容而没有念完中学的女孩，也不愿雇佣一个摆着扑克面孔的哲学博士。"

的确，微笑很重要。微笑是两个人之间最短的距离，是人生当中最美的语言。一个发自内心的微笑，比他身着华丽的外衣更能令人折服。在与人的交往中，微笑是获取对方好感的最佳方法。

在亲人间微笑，它创造了快乐；在工作中微笑，它培养了感情；在朋友间微笑，它建立了友谊。对所有人来说，微笑是调节情绪的最佳良药。

微笑，无须成本，却是人们愉悦心灵的折射；

强笑，无须成本，却是悲泣心灵的掩护。

微笑是美好的，强笑、耻笑、奸笑、冷笑，让别人的感官受刺激，也让自己的心灵受伤害。

蒙娜丽莎的微笑永远留在了世人的心中，让我们对他人和世间万物也付出真诚的微笑吧。

# 事业篇

伟大的价值在于完成责任。

——丘吉尔

# 看体育竞赛所思（三）

当我看到牙买加飞人博尔特高举双手冲过百米线、看到刘翔跃上110米栏冠军领奖台时，当我看到乒乓球队员、羽毛球队员获得金牌后的雀跃，当我看到举重运动员打破一个个世界纪录……都令我激动，我如在现场般地起立鼓掌祝贺。同时，也让我浮想联翩。

人创造奇迹常常是在瞬间，但是创造奇迹的人没有一个是依靠瞬间的。

但是人们总是看见成功者的现在而无视他们长年的努力、失败，甚至在这以前所遭遇过并被克服了的重重困难。俗语说：台上一分钟，台下十年功。瞬间的辉煌需要几年、甚至十几年的努力奋斗来铺垫。

因此，我们不仅要在梦想之年，能拥有骄人的成就，享受成功的快乐，品尝胜利的喜悦，接受众人的瞩目。不仅要羡慕成功者的金牌、鲜花和掌声，更要学习他们不灰心、不气馁、勇往直前的执著品质。

# 炒股的启示

从2008年到现在，股市经过了大幅振荡。在这个过程中，有人笑了，有人哭了；有人逃得快，有人套得牢；有人冷静，有人狂热；有人赚了大钱，有人赔得精光；有人为多赚而赔了本，有人宁肯少赚而赢了钱；有人输了重整旗鼓，有人输了跳楼自杀。

人生如炒股，昭示的道理很多：

1.任何巅峰都是暂时的，它也许是下一个深渊的起点。因此，处在巅峰时刻的得意、狂妄是极端危险的。

2.不要盲从、复制别人走过的路。从某种意义上说，人人都羡慕的路并不一定都充满阳光，它可能让你陷入深渊。

3.做你感兴趣的事情，因为喜欢，所以擅长；因为有兴趣，所以快乐。

4.有时为了得到更多，可能连已经拥有的都要失去，这说明贪婪有百害而无一利。

5.有时事情做对了可能是撞大运、蒙对的，不要以此就误认为自己是专家。

6.令人筋疲力尽的，往往不是要做的事情本身，而是事前事后患得患失的心态。

7.狂热中的冷静和冷静中的狂热可能是智慧和成熟的体现。

8.不要盲目听从权威的意见，有时权威是经不起考验的空壳子。

9.失败会激励胜利者，也会击垮失败者，胜利意味着不畏惧失败。成功就是站起来的次数比被击倒的次数多一次。跌倒了，你可以选择站起来；放弃了，则再无希望；自杀了，你就再也享受不到这个世界温暖的阳光了。

# 你的愿望能实现吗

人人都希望长寿，但都不喜欢变老；
人人都喜欢天堂，但都不愿意去死；
人人都希望坚强，但都不想经历苦难；
人人都喜欢聪明，但都不愿意犯错误；
人人都希望成功，但都不想多付出；
女人都喜欢婴儿，但都害怕经历阵痛……

人生在世，有得必有失；一种选择，必然意味着一种放弃。一分收获，必然意味着一份付出。所以，理智、勇敢地接受一些你不愿意、不喜欢的东西，才可能得到你希望、你愿意的东西。

# 领导讲话的大忌

领导者忌讲：模棱两可的含糊话；缺乏新意的老套话；不解决问题的原则话；不懂装懂的外行话；脱离实际的吹牛话；漫无边际的闲扯话；不堪入耳的难听话；标榜功绩的虚假话。

有的领导干部不但不忌，还乐此不疲，使下属无奈、气愤。

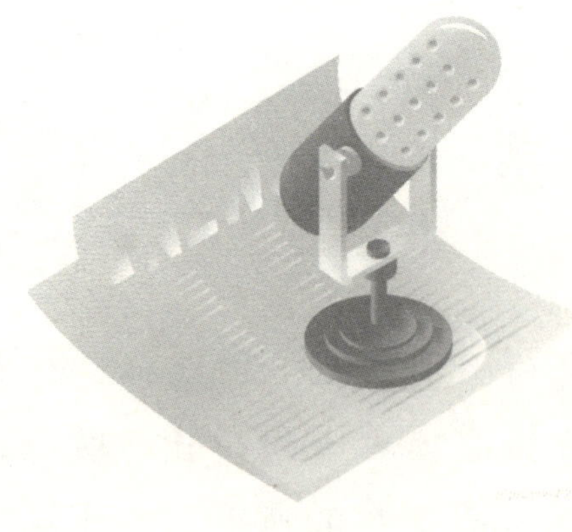

# 谈谈风气

走在大街上，漫步在公园里，朋友聚会时，与同事闲聊中，常常听到盛赞时代的声音和旋律。但时而也会听到抱怨声：群众抱怨当权者，学生家长抱怨学校，企业抱怨工商税务，原告被告抱怨法官，司机抱怨交警，员工抱怨老板，孩子抱怨家长，老人抱怨子女，临街的居民抱怨汽车的喇叭声，临公园的居民抱怨游人高分贝的噪音，雨后马路上的行人抱怨司机开快车将泥水溅到自己身上……，夸张一点说，抱怨已达到无处不在、无事不有的地步。

抱怨，是心中不悦的呐喊，是对善良公正的企盼，是对风清气正的呼唤。

改革开放以来，人们在满怀喜悦地品尝改革开放硕果的同时，也耳闻目睹了明显增加的一些社会问题，特别是一些不良风气渐成顽疾，让有责任感的民众忧虑、无奈、甚至气愤。

浅薄成为时尚，深邃就会被嘲笑；弄虚作假形成风气，求真务实就会被讥讽；潜规则变得流行，法规原则就会被冷落；冷漠侵蚀心灵，热情就会被流放；扶危救难不得好报，袖手旁观就会被推崇；以岗谋私呈泛滥趋势，不打通关节就会寸步难行……

一些风气，不下猛药治理，难以奏效。关键是把家庭美德、职业道德和社会公德建设落到实处。

# 应该在哪下工夫

世间之事，纷繁复杂。同一件事，不同的人，由于不同的处事理念和思路，其结果大不相同。大凡成功者，均遵循一条重要的原则——求人不如求己。

与其讨好别人，不如武装自己；

与其责怪别人，不如反省自己；

与其抱怨黑暗，不如点亮蜡烛；

与其坐而论道，不如站起前行；

与其扬汤止沸，不如釜底抽薪；

与其坐以待毙，不如破釜沉舟；

……

世事如棋，走一步，看三步，把工夫下在关键处。

# 成功者与失败者

成功者善抓机遇，失败者信奉命运；

成功者笑对挫折，失败者怨天尤人；

成功者懂得怎么调节自己前进的方向和生活节奏，失败者只知道歇斯底里和无精打采；

成功者不言失败，把失败看成是更走近了成功一步，坚持走过了所有失败的路，就找到了通往成功之路的信念。失败者恐惧失败，把失败看成是绝望，一遇挫折，就降下前进的风帆。

有志者事竟成。成功就是站起来的次数比被击倒的次数多一次。

# 权利小议

权利有多种：资源性权利，角色性权利，职务性权利，等等。

资源性权利：你有钱，就可以去投资；你的三围够标准，你可以选择模特职业；你有身高的优势，你就可以选择从事篮球事业……

角色性权利：做父母，可以拥有对孩子的监护权；做子女，可以拥有对父母遗产的继承权……

职务性权利：社会公职有法律、组织的授予权和个人的影响权。授予权往往具有约束力，而个人影响权不具有约束力，但有影响力，它是由其能力、知识、气质、水平等要素构成的。

组织授予权的边界就是责任边界，在行使过程中有合格者、缺位者、越位者、乱位者。合格者会创造辉煌，而后三者会给工作带来损失。

个人影响权没有边界，有影响好的，有影响坏的，有影响大的，也有影响小的。影响好的、大的有助于组织授予权的实施。影响坏的、小的即使组织授予重权，也难书写出壮丽的篇章。

# 认真落实科学发展观

胡锦涛总书记告诫全党要坚持科学发展观，这是深刻总结改革开放以来乃至我们党领导中国革命和建设的伟大实践而作出的科学论断。

在社会主义经济建设和事业发展中，的确走过一些弯路：诸如对生态的先破坏，后保护；对环境的先污染，后治理；对资源的先耗费，后节约；对森林的先砍伐，后植造；对文物的一边毁遗，一边仿古；对财力的不量入，只为出；对工作只管高压紧逼，不顾客观实际，等等。

我们要认真落实科学发展观，别让今天从事的工作，成为后人的悲哀；别让今天的政绩，成为明天的罪证。

# 成功与失败点滴

人生在世，都渴望成功，不希望失败。

成功或失败，与每个人确定的奋斗目标有直接关系。目标定得过高，实现不了，就有一种挫败感。目标定得适当，经过自己的努力实现了，就有一种成功感。

失败是什么？只是更接近目标一步；成功是什么？就是走过所有通向失败的路，只剩下一条路，那就是成功的路。

成功者在每次忧患中能看到机会，失败者在每次机会中看到忧患。

成功者善于从别人的失败中学习，因为他们懂得一个人根本没有足够的时间去经历所有的失败。

失败者乐于从别人的失败中寻乐，因为他们觉得别人失败了，就是自己成功了。

一个人的兴趣对人的成功起着非常重要的作用，因为爱好，所以擅

长；因为擅长，所以成功。

命是失败者的借口，运是成功者的谦词。

有的人把成功的终点看成是身体健康，工作顺心，家人幸福，自己快乐。想想终点，就会把成功的标准定得更切合实际。

失败会激励胜利者，也会击垮失败者，胜利意味着不畏惧失败。

愿你成为一个成功者。

# 惜　　时

常言道：一寸光阴一寸金，寸金难买寸光阴。时间就是金钱。浪费别人的时间无异于谋财害命，浪费自己的时间等于慢性自杀……，这都是说时间的宝贵。

金钱能够储蓄，而时间不能；金钱能够外借，而时间不能；每个人存在银行存的钱有多少一清二楚，而每个人在生命这个银行里还剩下多少时间谁也无从知道。这足以说明，时间比金钱更重要。

时间最无偏私，它给每个人每天都是二十四小时，但每个人对时间的回报却大不一样。勤劳者能让时间留下累累硕果，而懒惰者只能留下满头白发和两手空空。能否合理地支配和利用时间，往往是事业成功的重要因素，也

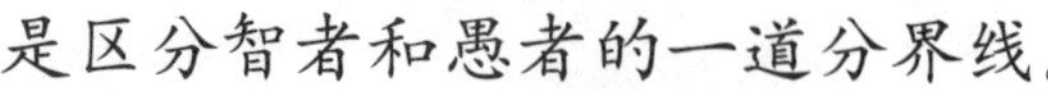
是区分智者和愚者的一道分界线。

昨天是一张作废的支票，明天是一张期票，而今天是你唯一拥有的现金，所以应当认真地把握今天。人们对钱看得很重要，失去了就心疼不已；但对时间却不在意，浪费了也无切肤之痛。

时间虽不能增添一个人的寿命，但珍惜光阴可以使生命更有价值。惜时吧，让我们的生命更有意义。

# 情感篇

情感——这是道德、信念、原则和精神力量的核心和血肉。没有情感，道德就会变成枯燥无味的空话，只能培养伪君子。

——苏霍姆林斯基

# 外孙出生有感

小女怀孕，预产期是2010年3月19日。3月17日晚11点多开始有分娩预兆，马上送她到市妇婴医院，我夫人一直陪伴在女儿身边。

3月18日，早饭后我到办公室，准备下午召开的慈善总会年会的讲话提纲。9点22分，传来喜讯，小女顺产一男孩，6斤半，一切顺利。我马上放下手中的笔，回想小女怀孕后的情景，她一直没有呕吐等反应，行动灵活，直到3月16日还在正常上班。我和夫人同小女商量，如果医院认定你可以自然分娩，就不要实施剖宫产，要经得住阵痛，女儿很坚定地答应。而此时，女儿分娩成功，母子平安，我高兴至极，欣然赋诗一首，发给一直以来关心期待小生命诞生的至爱亲朋：

小女怀胎步不迟，公司事事自主持。
脆啼一声降新命，弄璋之喜难择词。
友朋相呼送祝福，声声入耳蕴情意。
卸职又添膝下乐，六十有四升一级。

外孙的降临，让我体会到血脉相传的幸福。也感受到：乍临人世，你在哭，爱你的人在笑，也仿佛看到了我六十四年前出生时的情景……

# 朋　友

一个朋友就是一份珍贵的财产。一千个朋友不嫌多，一个敌人不算少。财富不是永恒的朋友，朋友才是永恒的财富。人生一世，不可没有朋友，友情是生活的调味品，是事业的助推器。它能使快乐倍增，使痛苦减半，能抚平因工作压力、生活挫折而增添的皱纹。没有朋友的人，就像树木失去根一样没有生命力。

朋友是一面镜子，是另一个自己。俗话说：察人之友，可知其人。

黄金好买，诤友难求。综观社会，朋友种种：有情趣高雅、心灵契合的朋友；有推杯换盏、勾肩搭背的朋友；有两肋插刀、江湖义气的朋友；有相互利用、狼狈为奸的朋友……

往往一个人得势时，朋友多，真的少；失势时，朋友少，真的多。我们结交朋友的目的，不是想从对方那里获得什么好处。以财交友，财尽则交断；以色交友，花落则交浅；以权交友，权尽则交疏；以势交友，势去则交毁；以利交友，利穷则交散。

交友宜慎。现实生活中，有些握有重权的人因交友不慎，而堕落为腐败分子，锒铛入狱，甚至丢掉生命；有些富有者因交友不慎，被骗得一贫如洗，生活、事业遭到重创，以至失去生活下去的勇气，甚至产生极端行为；有些人讲哥们义气，违背社会公德，甚至违法犯罪……因此，结交朋友，首先要识别朋友。要交益友，做到广而不滥，多而不杂，正常交往，和衷共济。

为官交友，要警惕四种人：官不大，特别能办事的人；挣钱不多，出手特别大方的人；人不太熟，特别能套近乎的人；情不够深，特别能投其所好的人。

诤友的标准应该是：激励你让你看到自己优点的朋友；提醒你让你看到自己不足的朋友；维护你并在你不在的场合称赞你的朋友；乐于听你倾诉和承受你发泄的朋友；有素养，帮你理清工作和生活思路的朋友；能让你接受新观点、新事物的朋友；遇到困难挫折伸出援助之手的朋友。

# 给远行朋友的五句话

朋友远游前向我告辞，因故未能给其饯行，总觉未尽情意。随发一则五句话短信，送上抚慰：

1.时刻快乐，快乐是一种美德。要倾听万物的声音，留下笑容作为纪念；

2.不要为一朵花停留太久，前面还有风景；

3.走对了路要高兴，说明准备充分；走错了路也要开心，因为欣赏到了另一条路上的风景；

4.集中精力，做好该做的事；空暇的时候想想愿想之人，做些愿做之事；

5.对一路上帮助过你的人说声“谢谢”，那是一种感恩。

祝平安顺利！

朋友读到信息特别高兴，称这比吃一顿大餐还美。

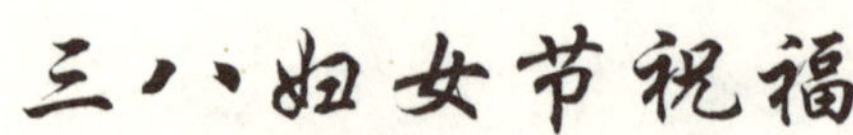

# 三八妇女节祝福

劳动创造了人类，劳动推动了历史！劳动光荣，合法劳动神圣。三八妇女节是女人的节日，也同样是男人们的节日。

妇女的解放程度是社会进步的天然尺度，女人应为自身的解放而自尊、自爱、自重、自强不息；男人应为女人的解放而修炼、欢欣、大度。

每一位成功的男人背后，都有一位伟大的女性。温柔的女人是一个按摩器，漂亮的女人是一枚钻石，聪明的女人是一所学校，深邃的女人是一座宝库。坏女人令人心烦，靓女人令人心乱，好女人令人心仪。天下的好女人比比皆是，而坏女人寥寥无几。

古人云，女为悦己者容。美丽的容颜是女人一生的重要财富，而容颜是不断消逝的积蓄。时间在女人脸上留下印记的同时，也给了女人永恒的化妆品——气质。也就是说，不要为容颜褪去而伤心，要为打磨健康的心态和自信的气质而努力，工作、学习、修身、养性、健身、美容，使自身的气质更高雅，举手投足更显活力与成熟。

女人失去男人的陪伴会变得枯萎，男人失去女人的伴随会变得愚蠢，让男人与女人心灵共舞，创造光辉的明天，让世界更加绚烂多彩。

# 下厨有感

幸福的家庭都是相似的，不幸的家庭原因各异。要使家庭和美，家庭成员都应学会担当；要破坏一个家庭，一个人就绰绰有余。

我一般不赖床，每天大致在清晨5：30左右起来，自我保健按摩、读书、做数独、洗漱、健身、备早餐。每进厨房，我都如坐在鱼塘边钓鱼一样，心无旁骛。不断提高的厨艺让我在短时间内能做一桌美味，看着家人的吃相，满心快乐。

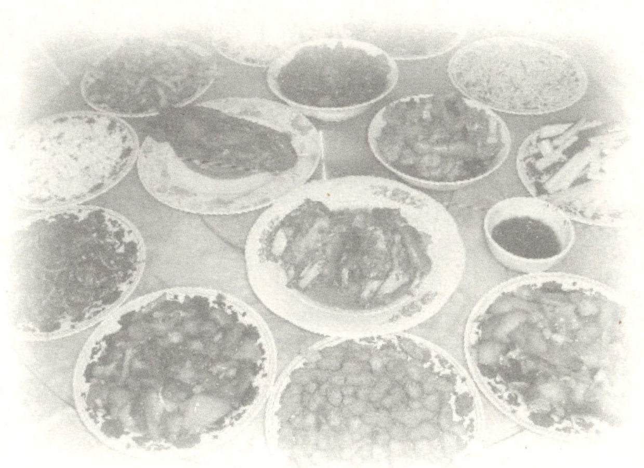

其实，厨艺精湛与否并不重要，即使烹饪的食物征服不了家人的胃口，却也一定会打动她（他）们的心。

我曾对此作过一首打油诗：

东窗未红备早餐，厨具轻舞只等闲。
菜刀在手切功细，炒勺掂翻味道鲜。
主副搭配重营养，干稀兼顾品种全。
最喜女儿称大厨，合家欢乐幸福源。
烹饪技术无穷尽，认真学艺再登攀。

男性要走出误区，千万别认为做家务是女人的事情，女人的专利。

“女主内、男主外”的观念，随着时代的进步应该抛却了。

# 牵 挂

牵挂是人与人之间一种珍贵的情感，是一颗心对另一颗心深深的惦记，牵挂是心灵对话，是联结亲情、友情、爱情的桥梁和纽带。

牵挂是一份亲情。亲情是亲人之间最真挚、最美好、最温馨、最绵长的情感联结。儿行千里母担忧，思念常使泪沾巾。这种血缘维系的亲情，如山间小溪，清澈透明，潺潺流淌不息。

牵挂是一缕情愫。孟姜女哭长城的千古绝唱；李清照对远去夫君的“花自飘零水自流，一种相思两处闲愁”的如泣吟诵；“思君如满月，夜夜减清辉”的妙语华章，都静谧着因爱而牵挂的心理悸动。

牵挂是一种友情。寄一张贺卡，打一个电话，发一段短信，问一声安康，都是真真切切的心灵际会。

牵挂别人，如眷念五月清香的槐花，十月淡雅的秋菊；被人牵挂如沐浴冬日和煦的暖阳，享受夏暑清新的沁凉。

无牵无挂，也许你是轻松的，但你永远享受不到生命悸动的美；无牵无挂，也许你是潇洒的，但你永远感悟不到那种摄人心魄的钟爱之情。

刘心武说得好：“人生一世，亲情、友情、爱情三者缺一，已为遗憾；三者缺二，实为可怜；三者皆缺，活而如亡！”的确如此，如果一个人缺其一二，人生索然无味，三者皆缺，人生还有意义吗？

牵挂别人和被人牵挂都是一种幸福，让我们每一个人都领悟牵挂、品味牵挂、学会牵挂，让人生变得生动感人，让生命变得更加绚丽多彩。

# 平安夜抒怀

我们徜徉在冬天的风里，
西风不语。
耳边传来，平安夜的乐曲。
眼里闪现，圣诞树的翠绿。

我们聚会在典雅的厅里。
欢歌笑语。
杯中飞出，友谊的旋律。
彩灯闪出，祥和的气息。

我们彼此珍藏在心里。
默默无语。
相逢一刻，盼时光停滞。
离别回首，眷念在心里。

生命如诗，在浩瀚的苍穹宇宙中，深知平安健康是福祉。
岁月如歌，在崎岖的人生道路上，破译无根而固是情意。

# 家庭交响曲

## 家

家是社会的细胞。家是讲情的地方，不是讲理的场所，清官难断家务事；家是讲责的地方，不是讲权的地方，权责很难对称。要使家庭和谐，每个家庭成员都要倾注亲情，担当责任。家庭有可心型、可过型、可忍型、不可忍型。在众多家庭中，可心型和不可忍型居少，而大多数家庭是可过型或可忍型。因此，夫妻双方要尽力经营好家庭，最好不使家庭变成维持会，不断提升家庭的品位、和睦、情深、浪漫。

## 夫　妻

夫妻是一双筷子中的两支，谁也离不开谁，苦辣酸甜要共同品尝。夫妻之间的物质生活水平，往往由收入较高的一方来决定；他们之间的精神生活水平，往往由素质较低的一方来决定。

夫妻和谐，在卧室内有足够的年轻享受一切；在卧室外有足够的成熟理解一切。

二人结为夫妻，双方都要把对方作为一个完整的人接受下来，不但要接受对方的优点，同时也要接受对方的缺点，容忍对方的癖好、意见和习惯；不但要接受对方本人，还要接受对方的亲属。企图改造、征服对方是徒劳的，最好是包容适应对方。一个不幻想丈夫完美无缺的妻子，和一个不幻想妻子完美无缺的丈夫，这本身就是完美。做妻子的总抱怨别人的丈夫比自己的丈夫帅气富有，做丈夫的总是羡慕别人的妻子贤惠貌美，这是家庭解体的开始。

夫妻二人的伤害，不一定表现在移情别恋上，而是在他（她）期待时，你让他（她）失望，在他（她）脆弱时，你没扶他（她）一把。婚姻中，日常的事情，往往也具有杀伤力，要互相关心，体贴入微。

夫妻相处犹如两个相交的圆，相交部分代表夫妻双方共同的情趣和空间，不相交的部分代表夫妻双方各自的情趣和空间。夫妻二人既要充分享受共同的情趣，活动在共同的空间里，又要尊重对方的喜好，支持对方徜徉在自己的天地里。简言之，夫妻双方既能享受婚姻生活的美妙，又是完全独立的人。

## 父母和孩子

父母是一种专业性很强的职业，是一份无薪水的工作。特别是女人，一旦做了母亲，几乎无一例外地全身心投入，而且做得精心、细致，头发做白了，心操碎了，眼睛花了，也决无怨言。

在这份特殊的爱和付出中，也有走进误区的现象：

1.过分溺爱。做孩奴，一切以孩子为中心，使孩子变得

很自我。

2.粗暴教育。信奉棍棒底下出孝子，使孩子产生自卑心理。

3.不尊重孩子。以长辈的身份和为孩子好为借口，侵犯孩子的隐私，使孩子萌动信任危机。

4.损害孩子的自信心。特别对学习成绩不好的孩子，随意贬低，口头禅常是“你真笨，都是一个老师教，你看看人家……”。

5.不注意发现培养孩子的兴趣。将自己未实现的理想和愿望转嫁给孩子，总想以孩子的成就满足自己的虚荣心。不启发，只注重说教。

……

“良好的家庭是最好的教育场所，优秀的父母是最理想的老师”。孩子是父母的一面镜子，身上的多数习惯都是做父母的有意无意培养出来的。父母每时每刻都在教，这就是“潜教育”，它往往比“显教育”更具威力、更本质。

优秀的家长在培养孩子的过程中，与孩子一同成长。

# 人才篇

人人都可以成才。

——胡锦涛

# 有感诸葛亮的识人之道

一部历史名著《三国演义》把诸葛亮的智谋描写得淋漓尽致，世人把他作为智慧的化身。但这智慧往往单一界定在他的军事方面，实际上，诸葛亮在识人方面也有独到之处。他的“识人七法”对今天仍有借鉴意义。

一是问之以是非而观其志：用是非之事来询问他，以考查他的立场、观点、志趣、爱好。

二是穷之以辞辩而观其变：和他辩论一个问题，追根溯源，以观察他应变的能力和本身的气度。

三是咨之以计谋而观其识：用计谋来咨询他，从而观察他的学识和才能。

四是告之以祸难而观其勇：让他做一件事，把面临的灾祸劫难告诉他，以观察他的勇气、胆识。

五是醉之以酒而观其性：就是与他开怀畅饮，以观察他的自控能力和内心世界。

六是临之以利而观其廉：用利益来诱惑他，从而观察他的克己和清廉程度。

七是期之以事而观其信：把事情交给他去办，以观察他的信用程度。

这七法全面地把一个人的志向、品德、学识、才能很深入、很细致、很具体地进行了考察。

识人难，难于上青天。击石易得火，扣人难扣心。

切忌：把方法问题形式化，把深邃问题简单化，把实质问题表面化。

# 位　置

同样一瓶矿泉水，在路边店售价1元多，在超市3元多；同样一斤白萝卜，在农贸市场售价1元五角，在路边摊位售价1元。物品在不同的位置，价格具有明显的差异，这虽是人为所致，但说明位置很重要。

位置对于人同样重要。一是把一个人摆在什么位置；二是个人能否找准位置。

知人善任。用人原则是德才兼备，四化标准。德，才之帅也；才，德之资也。德才兼备，委以重任；德高才低，培养使用；德薄才高，控制使用。但金无足赤，人无完人。好人不等于能人，能人不等于完人。因此，在用人上要坚持德重主流，才重一技。

用人错位。德薄而位尊，才疏而重任，对事业、组织和个人都是悲剧。让猴子去下水，让鸭子去爬树，让老黄牛和千里马去赛跑，的确令人啼笑皆非。选人用人，大凡在红与紫中选择，应属正常；大凡违背民意和常规，甚至黑白颠倒，不是决策者的无知，便是另有隐情。

找准位置，这一点对任何人都十分重要。站在父亲的位置上，就能多一份付出和爱心；站在儿女的位置上，就能多一份真情和孝心；站在别人的位置上，才会理解和懂得别人。有的人找不准自己的位置，官职一提，就认为自己水平提高了一截；讲一段话，就认为是指示；写一篇东西，就认为才华横溢。这种人很像《伊索寓言》中那个站在屋顶上的山羊，因身居高处才敢讥讽、嘲笑比自己力量大十倍的狼，这完全是位置产生的优越感。相反，在强者面前以作践自己取悦对方，则是位置带来的自卑感。这山望着那山高，见异思迁，好高骛远，则是位置带来的迷离感。

只要我们安心于自己的位置，尽心尽力，为而不争，按本色做人，按角色做事，那么周围的一切都会因自己而改变。或离我而去，或冲我而来，或绕我而转，或对我静观。

如果一个人追名逐利，患得患失，怨天尤人，惶惶不可终日，那么周围的一切都会变成你的主人。你得跑前跑后伺候着，上蹿下跳迎合着，忽左忽右奉承着，内揣外度恭维着，这就完全失去了自我。

一个找不准自己位置的人，就很难在别人心目中有什么位置。

任何时候都不要以自己的位置炫耀自己、以别人的位置作践自己。准确的定位就是心中的定力。处在什么位置上，就在什么位置上寻找人生的意义。

# 重 在 实 践

戴口罩的猫成不了捉鼠能手，

温室中的花草经不起风霜雪雨，

站在岸上永远学不会游泳……

家长关心孩子，组织爱护干部是天经地义的，但理念不正确，方法不得当，往往事与愿违。关键是选择一条正确的途径，培养他们的生活能力、工作能力、生命活力和奋斗精神。

# 种花的启示

紧邻我家楼的西边有一块空地，因两侧有楼房和树木遮挡，光照时间很短，故花草很难成活。

有一次去植物园，我特意就此请教了一位专家。他告诉我，各种植物都有其成活的条件，若光照不够，就不能盲目种植自己喜欢的花草，要选择适合的品种，比如玉簪，它属百合科多年生花卉，喜阴，而且生命力很强。我接受专家的意见，在空地种上了玉簪。果然，春天发芽，夏天茂盛，秋天开出玉簪状的白色或紫色的花，冬天不用特殊管理，安静冬眠。

种植玉簪让我明白了一个道理，无论植物或其他，都应有适合他（它）生存成长的环境与空间。火车头，只有在铁轨上才是强大的，脱离铁轨寸步难行；鱼只有在水中才是自由的，离开水则一刻难活；一个人的成功，需要有能使他成功的位置；一个领导者，只有把下属放对了位置，才能人尽其才；一个人只有把东西放对了地方，才能物尽其用。每个社会成员都要找到属于自己的位置，找到最适合自己成长的发展轨迹。这样，才能在生命的赛场上，快速向前。

世无蠢材，只有放错了位置的人才；

世无废物，只有放错了位置的宝物。

# 事与愿违

父母望子成龙，认为绝不能让孩子输在起跑线上。但注意，不能让孩子累倒在起跑线上，何况先从起跑线冲出的孩子不一定得冠军，孩子更需要一个快乐的童年。

父母对孩子不计效率投入，认为再苦也不能苦孩子。但注意，苦难是一所没人愿意就读的大学，但从这所大学毕业的人往往在人生的路上更坚强。

父母对孩子严加责罚，认为恨铁不成钢，不打不成才。但注意，钢不是恨出来的，不善沟通会使孩子产生逆反心理。

父母对孩子监控看管，认为孩子自觉性差，不看着就不学习。但注意，看住人看不住心，兴趣是孩子的第一老师，因为喜欢，所以努力；因为努力，所以成功。

父母窥探孩子的隐私，认为自己是孩子的监护人，有权了解孩子交往等。但注意，孩子的隐私是需要尊重和保护的，一个错误的行为往往影响孩子的一生。

父母对孩子学习以外的事情包办代替，认为这样可以保证孩子的学习时间。但注意，孩子的独立生活能力是他随身携带的财富。他迟早会离开你的羽翼保护而独自飞翔的，缺乏必要的生活能力会让你时时担惊受怕。

父母依自身独特的条件，为孩子所在学校或老师做些“贡献”，认为这样孩子会“吃到小灶”，得到老师的特殊关照。但注意，此举不仅会玷污孩子初始的单纯，也会使孩子滋生可怕的虚荣心。

父母是一个专业性很强的职业，就职伊始，就应自觉加强职业道德和能力建设。不少父母不能把孩子引向正确的方向，是因为他们自己早已偏离了正确的轨道。

# 谈 挫 折

司马迁《报任安书》中曾概要记载：盖西伯拘而演《周易》；仲尼厄而作《春秋》；屈原放逐，乃赋《离骚》；左丘失明，厥有《国语》；孙子膑脚，《兵法》修列；不韦迁蜀，世传《吕览》；韩非囚秦，《说难》、《孤愤》。《诗》三百篇，大抵贤圣发愤之所为作也。

其大意是说：周文王被拘禁时推演了《周易》；孔子在困穷的境遇中编写了《春秋》；屈原被流放后创作了《离骚》；左丘明失明后写出了《国语》；孙膑被砍去了膝盖骨，编著了《兵法》；吕不韦被贬放到蜀地，有《吕氏春秋》流传世上；韩非被囚禁在秦国，写下了《说难》、《孤愤》；至于《诗经》三百篇，也大多是圣贤们为抒发郁闷悲愤而创作出来的。当然，就司马迁本人来讲，就更可大书特书了，他是在遭受宫刑之后编著了流芳千古的《史记》。

这就是说，成功者往往起始于不好的环境，并经历许多令人心碎的挣扎和顽强奋斗，饱经沧桑的磨炼，才具有更健全的人格和强大的力量，才获得巨大的成功。

命运赐给我们机遇和幸福，同时也给了我们缺憾和苦难，我们没有必要畏缩自卑，更没有必要怨天尤人。只要信念在，希望就在。苦难和挫折就像一条狗，你越怕它，它越凶狠，你越不怕它，它就越驯服。

挫折、逆境总是吞噬意志薄弱者，而常常造就毅力超群的成功者。它是魔鬼，夺走了你的光明，它又是天使，是一座深不可测的宝库。我们都要在逆境和挫折中赶走魔鬼，拥抱天使，让生命绽放出绚丽之花。

# 智慧篇

智慧的可靠标志就是能够在平凡中发现奇迹。

——爱默生

# 换一个角度

我曾听过一个故事，大意是：从前有两个秀才，骑着马去野外游玩。玩得高兴时，突发一奇想，要比一下谁的马跑得慢，结果两人骑在马上，紧勒缰绳，不让马前进半步，局面僵持不下。这时，见一老农路过，两秀才急忙向老农叙说原委，寻求有否妙计。老农笑了笑说："这很容易啊，你们二人换一下马，就知道谁的马跑得慢了。"是啊，骑在对方的马上，拼命鞭打所骑的马，两匹马都跑出最快速度，就能比出哪匹马跑得慢了。

还有人出了几道简单的加法等式：

1+1=1

2+1=1

3+4=1

5+7=1

有人说这根本不可能，结果一智者给出了答案：

1（斤）+1（斤）=1（公斤）

2（月）+1（月）=1（季度）

3（天）+4（天）=1（周）

5（月）+7（月）=1（年）

有一道智力题：只能变换0.1或2其中一个数字的位置，使101－102＝1的等式成立。不少人只善于在一个平面上左右看问题，找答案，结果很难破解。如果善于上下立体思考问题，就很容易找到答案，$101-10^2=1$。

面对生活中看似不可思议的东西，只要调整一下思维方式，换一个思考角度，采用一种新的方法，就能使问题迎刃而解，得到异乎寻常的答案，使不可能变成现实。

因此，当我们在纷繁复杂的世间遇到各种问题时，不要轻易地说不可能。

# 字　　趣

中国文字的创造体现了国人的智慧，音、形、义又是成字的要素，在字的寓意方面，真的很深刻。

和谐：和者，口边有禾，引申，有饭吃；谐者，众人都能畅所欲言，引申政治民主。物质富足，政治民主，是创造和谐社会的基础和保障。

饭：无食则反。民以食为天，吃饭第一。邓小平同志提出第一步解决温饱，第二步奔小康。胡锦涛总书记提出社会建设的重点是民生，我们党和政府致力使全国人民有饭可吃、有房可住、有学可上、有病可医，这些都是民生的基本内容。

重：由千里而成。千里之行，始于足下，重者，千里无轻载也。

忙：心亡。疲劳过度，心亡致死。警示众人劳逸结合。心力和体力的透支是催人致老、致病的暗器。

囚：人在框框之内，就变成了囚。因此，要冲出框框，打破枷锁，解放思想，争取自由。

有朋友曾给我发过一短信——人生的三字要则，很深刻：

人生很复杂，三个字可以涵盖要则：

“尖”——能大能小；

“卡”——能上能下；

“斌”——能文能武。

我钦佩短信创作者的悟性与智慧，更推崇这个做人的要则。

# 人生憾事

人生在世，憾事种种，但最让人懊悔的事有三种。

一曰：遇良师不学，失掉知识。人生之幸，莫过于幸遇良师。良师笃行传道、授业、解惑，一个求知若渴的人，应主动从良师那里学到自己需要的东西。如果得不到，则抱憾终生。

二曰：遇良友不交，失掉友情。朋友是另一个自己。朋友使痛苦减半、快乐倍增。朋友是事业的助推器。常言道："良友同行，途不知远。"在人生的旅程中，没有朋友，会无助、孤独、寂寞。古人云："得一知己足矣。而遇良友不交，差矣。"

三曰：遇良机不抓，失掉事业。机遇面前人人平等，平等并不意味着平均，关键是看谁能抓住。盛年不重来，一日难再晨。说的就是机不可失，时不再来。在机遇面前，有人敏感，有人迟钝；有人自信，有人怯懦。大凡成功者，善于捕捉机遇是他们的一个共同点。伟人改变环境，贤人利用环境。凡人适应环境，庸人抱怨环境。当今的人生百态，是对这些话的最好印证。

人人都有憾事。只要从一次次的遗憾中体悟出人生真谛，这就是幸运的了。

# 不要等

人生是为了兴趣和理想而进行的博弈。因此，该出手时就出手，别在等待中丧失宝贵的东西。

1.不要等到有了好岗位才去努力工作；

2.不要等到需要知识时才想起努力学习；

3.不要等到别人向你示好时才绽放你的微笑；

4.不要等到孤独时才想起交朋友；

5.不要等到富足了才去孝敬父母；

6.不要等到腰缠万贯时才去帮助穷人；

7.不要等到分手时才后悔没有珍惜感情；

8.不要等到重病缠身后才知道休息；

9.不要等到住进医院才停止忙碌；

10.不要等到失败时才记起他人的忠告；

11.不要等到东窗事发时才后悔；

12.不要等到临死时才想起要享受生活；

13.不要等到失去时才珍惜你的拥有……

# 人生点滴

关于人生的内涵，《新华字典》的注释为：人的生存及全部生活经历。美国教科书则概括为：人生就是为了梦想和兴趣而展开的表演。

人要实现其自身的生命价值，玩世不恭和过于执著都不足取。

人生最大的失败就是没有经历过失败；人生最大的愚蠢是重犯同一种错误；人生最大的勇气是战胜自己；人生最大的痛苦是有眼泪无处流；人生最大的悲哀是受骗于扮演好人的坏人。

没有挫折的人生是不完整的人生；人生的严峻考验：一是在逆境中，一是在成功后；人生像一盒火柴，严禁使用是愚蠢的，滥用则是危险的；人生是快乐与悲哀、成功与失败、舍弃与获得的聚合体；人生不如意者十有八九，要记住一二，忘记八九。

人生得到地位、利益和荣誉后，一般会害怕失去，继而失去挑战的勇气。

人生有各种舞台。最根本的是要按本色做人，按角色做事，按特色定位。

人生一日劳动可以获得安眠的夜，一生劳动可以获得安宁的死。

当人生不胜重负时，杀人或自杀都有可能成为一种选择，这个时候，任何一点火星，都可能成为致命的炸药。在物欲极盛和浮躁充斥的环境中，疏肝理气很重要。

人生需要些俗智。满腹经纶却不会为人处世，就像带着一袋子的黄金上街，却没有打电话的零钱。

上司喜欢部下最好既是人才又是奴才，人才有用却不好使，奴才好使却没有用。但当二者不能统一时，一般会选择奴才。

为一种信念而死容易，活着坚持一种信念难；做一件好事容易，一辈子做好事难；对怨恨记住容易，忘记却很难。

人生有两件事最难，一是把自己的思想装进别人的脑袋；二是把别人的钱装进自己的腰包。

# 善听不同的声音

人的生命是一个有机的整体，有指挥系统、运转系统、免疫系统……过去，有些人竟无知地认为，人体的淋巴、腮腺、盲肠等是易惹麻烦的可有可无的器官，属于亚当、夏娃的败笔。生命科学家认为它们是人体免疫系统的重要组成部分。轻易除掉它们，将降低人体的免疫能力。

在社会生活和政治生活中，少数人、少数派的不同声音、反对声音就是一个提醒系统，或称为免疫系统。

中华民族由于几千年的封建皇权思想影响，又加之后来的个人崇拜，习惯于全票通过，一致同意，完全赞成。不习惯倾听不同声音、反对意见，不注意尊重和保护少数派，甚至排挤和打击持不同或反对意见的人。早在“人多力量大”的口号声响彻大江南北的时候，著名的经济学家、人口学家马寅初出于对国家和民族的责任和良心，提出了人口无限发展会带来严重问题和后果。但他的建议被绝对权力否定了，并被说成是别有用心而遭到批判；建筑学家梁思成提出保护北京古城风貌的建议也未被采纳；坚持以经济建设为中心的指导思想，保护生态环境的呼声也被一些当权者以谋求发展为由而湮灭……诸如此类的事情，只有付出巨大的代价、惨痛的教训后才总结出“决策失误是最大的失误”这一真理。中央提出了依法治国的方略，重视加强民主政治建设。但一些人仍难改旧习，认为发扬民主不过是摆摆样子、走走过场的形式而已。因此，这种免疫作用的发挥就可想而知了。

在现实生活中，时常存在这样一种现象：

多数人的意见不一定总是对的，有时真理可能掌握在少数人手中；

当权者的意见不一定总是对的，而微人的轻言可能更接近事实。

潮流并不一定是顺历史而动的，而反潮流可能是推动历史前进的；

当人们都沿着一个方向前进时，一个“走错了”的提醒往往使人们少走弯路。

我们要感谢赞同我们的人，也要尊重那些持不同意见或反对意见的人，他们是镜子和鞭子，让我们发现自己脸上的灰尘，鞭去我们身上的惯性。

要珍惜并保护少数派提出异议的权利。从免疫系统的角度看，珍视和保护少数派，就是保护我们自己。

少数派说得对，我们就要放下成见和面子去照办。即使说得不对，也要耐心倾听。

# 听青歌赛有感

青歌赛吸引着亿万观众。有民族、美声、通俗、原生态等不同唱法；有高音、中音、低音不同音色……有限的七个音符，产生如此魅力的原因，是它变化无穷的节奏、质感、强弱和旋律。

同样一块布，可以制作出不同款式的裙子；

同一个小时，可以做出不同的事情；

同一件事，可以得到不同的结果；

……

我曾听到过一则故事：有一家效益相当好的大公司，为经营需要，决定招聘营销主管。广告一出，报名者云集。

面对众多的应聘者，主管招聘的负责人说："相马不如赛马，我们这次考一道实践性试题——就是想办法尽量多地把木梳卖给和尚。"绝大多数应聘者觉得匪夷所思，甚至愤怒。出家人不蓄头发，要木梳何用，这不是难为人吗？于是纷纷拂袖而去。最后只剩下三位应聘者：甲、乙、丙。负责人交代："以十日为限，届时向我报告销售木梳的成果和方法。"

十日到，负责人问甲："卖出多少把？"答："一把。"问：

“怎么卖的？”甲讲述了历尽辛苦，游说和尚买把木梳，毫无效果，还惨遭责骂。好在下山途中遇到一个小和尚一边晒太阳，一边在使劲挠头皮。甲灵机一动，递上一把木梳，小和尚用后满心欢喜，于是乎就买了一把。

负责人问乙：“卖出多少把？”答：“10把。”问：“怎么卖的？”乙说他去了一座名山古寺，由于山高风大，进香者的头发都被吹乱了，他找到寺院的住持说：“蓬头垢面是对佛的不敬。应在每座庙的香案前放把木梳，供善男信女进香前梳理鬓发。”住持采纳了他的建议。那山有十座庙，于是买下了10把木梳。

负责人问丙：“卖出多少把？”答：“1000把。”负责人惊问：“怎么卖的？”丙说他到一个颇具盛名、香火极旺的深山宝刹，朝圣者、施主络绎不绝。丙对住持说：“凡来进香参观者，大多都有一颗虔诚之心，宝刹应有所回赠，以做纪念，保佑其平安吉祥，鼓励其多做善事。我有一批木梳，

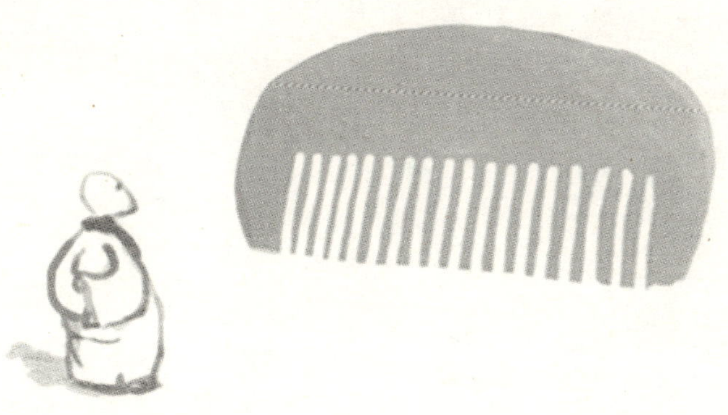

您的书法超群，可刻上‘积善梳’三个字，便可做赠品。”住持大喜，立即买下1000把木梳。得到“积善梳”的施主与香客很是高兴，一传十、十传百，朝圣者更多，香火更旺。

把木梳卖给和尚，乍听起来真是有些荒唐，但不同的思维、不同的推销术，却有不同的结果。这难道与常人手中的七个阿拉伯数字经过艺术家的加工，演绎出那么多的惟妙惟肖、赏心悦目的“天籁之音”不是同出一理吗？

同一种原料，可以加工出不同的产品，关键看工艺和技术水平；

同一个人生，可以有不同的活法，关键看信念、智慧、毅力和勤奋。

# 幸运与不幸

美国总统罗斯福家被盗，一位朋友写信劝慰他不必把这件事放在心上。罗斯福很快回信说：“亲爱的，谢谢你来信安慰我，我一切都很好，我想我应该感谢上帝，因为：第一，我损失的只是财物，而人身却毫发未损；第二，我失去的是部分财物，而并非所有财产；第三，更幸运的是，做小偷的是那个人，而不是我！”

说得多好，我想家中被盗对任何人来说绝对是一件不幸的事情，而罗斯福却以独特的心理，找出三条理由来感恩，把不幸变成了幸运。

从这里得到启发，不幸的事情不是事情本身，而是我们怎样去看待它。

被路上的石头绊倒了，有的人气不打一处来，气哼哼地说:“真倒霉，不幸的事偏让我摊上。”有的人理智对待，把石头搬开，平和地说:“真幸运，幸亏绊倒的是我，如果绊倒一位老者，后果不堪设想。”

一件事情失败了,有的人怨天尤人,垂头丧气地说:“真不幸，费了好大劲，又失败了。”有的人镇定自若，信心百倍地说:“真幸运，我们没白费劲，又明白了此事这样做是行不通的。”

如果用橘子比喻人生,一种橘子大而酸,一种橘子小而甜。有些人拿到了大的橘子却抱怨酸,而有些人却庆幸自己拿到了大的;一些人拿到了小的橘子却抱怨小,而有些人却庆幸自己拿到了甜的。

不幸的事情本来就够不幸的了，如果我们因此而不快乐，那就更加不幸。

换个心态看人、看事、看世界，也许就把不幸变为幸运了。

# 后　记

随着年龄的增长和阅历的增加，我愈加体会到，不管任何人，不论成就怎样一件事情，除了个人的努力之外，还有很多人在托着你。我写这本书，亦是如此。没有社会巨变给我的激情，没有先哲智慧给予我的启迪，没有众多现象给我的思索，没有科技进步赐我的方便，不可能写出这些东西。因此，我要顿首致谢。同时，也要感谢为出版这本书给予我大力支持与帮助的家人、朋友和同仁。

**崔文信**

2010年10月27日